D1691225

Jennifer Reeg

Soziales Engagement in den Bereichen Schule und Altenhilfe

Der Beitrag von Freiwilligenagenturen

Bachelor + Master
Publishing

Reeg, Jennifer: Soziales Engagement in den Bereichen Schule und Altenhilfe: Der Beitrag von Freiwilligenagenturen, Hamburg, Bachelor + Master Publishing 2013

Originaltitel der Abschlussarbeit: Soziales Engagement in den Bereichen Schule und Altenhilfe: Der Beitrag von Freiwilligenagenturen

Buch-ISBN: 978-3-95549-282-3
PDF-eBook-ISBN: 978-3-95549-782-8
Druck/Herstellung: Bachelor + Master Publishing, Hamburg, 2013
Zugl. Justus-Liebig-Universität Gießen, Gießen, Deutschland, Bachelorarbeit, August 2011

Bibliografische Information der Deutschen Nationalbibliothek:
Die Deutsche Nationalbibliothek verzeichnet diese Publikation in der Deutschen Nationalbibliografie; detaillierte bibliografische Daten sind im Internet über http://dnb.d-nb.de abrufbar.

Das Werk einschließlich aller seiner Teile ist urheberrechtlich geschützt. Jede Verwertung außerhalb der Grenzen des Urheberrechtsgesetzes ist ohne Zustimmung des Verlages unzulässig und strafbar. Dies gilt insbesondere für Vervielfältigungen, Übersetzungen, Mikroverfilmungen und die Einspeicherung und Bearbeitung in elektronischen Systemen.

Die Wiedergabe von Gebrauchsnamen, Handelsnamen, Warenbezeichnungen usw. in diesem Werk berechtigt auch ohne besondere Kennzeichnung nicht zu der Annahme, dass solche Namen im Sinne der Warenzeichen- und Markenschutz-Gesetzgebung als frei zu betrachten wären und daher von jedermann benutzt werden dürften.

Die Informationen in diesem Werk wurden mit Sorgfalt erarbeitet. Dennoch können Fehler nicht vollständig ausgeschlossen werden und die Diplomica Verlag GmbH, die Autoren oder Übersetzer übernehmen keine juristische Verantwortung oder irgendeine Haftung für evtl. verbliebene fehlerhafte Angaben und deren Folgen.

Alle Rechte vorbehalten

© Bachelor + Master Publishing, Imprint der Diplomica Verlag GmbH
Hermannstal 119k, 22119 Hamburg
http://www.diplomica-verlag.de, Hamburg 2013
Printed in Germany

Abbildungsverzeichnis II
Abkürzungsverzeichnis III
1   Einleitung 1
2   Bürgerschaftliches Engagement 2
    2.1   Formen von bürgerschaftlichem Engagement 7
    2.2   Soziales Engagement 14
        2.2.1   Soziales Engagement in Schulen 15
        2.2.2   Soziales Engagement in der Altenhilfe 15
3   Freiwilligenagenturen 16
    3.1   Entstehungshintergrund 17
    3.2   Aufgaben und Leistungen – Beitrag von Freiwilligenagenturen zu bürgerschaftlichem Engagement 18
    3.3   Netzwerke der Freiwilligenagenturen 20
        3.3.1   Bundesarbeitsgemeinschaft der Freiwilligenagenturen e.V. 21
        3.3.2   Landesarbeitsgemeinschaft der Freiwilligenagentur Hessen e.V. 24
    3.4   Herausforderungen für Freiwilligenagenturen 25
4   Freiwilligenagentur Marburg-Biedenkopf e.V. 27
    4.1   Projekte der Freiwilligenagentur Marburg-Biedenkopf e.V. 29
        4.1.1   Engagement-Lotsen-Projekt 29
        4.1.2   Projekt im Bereich Altenhilfe „Jung hilft Alt" - Schüler bringen Senioren den Computer näher 31
        4.1.3   Projekt im Bereich Schule „Jetzt kann ich das auch" 33
    4.2   Aktuelle Herausforderungen und Perspektiven der Freiwilligenagentur Marburg-Biedenkopf e.V. 38
5   Fazit 41
6   Literaturverzeichnis 44
7   Anhang 48

Abbildungsverzeichnis

Abb. 1: Freiwillig Engagierte, öffentlich Aktive und Nichtaktive im Zeitverlauf......5

Abb. 2: Freiwilliges Engagement und die Bereitschaft dazu......6

Abb. 3: Freiwilliges Engagement „14 Bereiche"......7

Abb. 4: Anzahl eingetragener Vereine in Deutschland von 1999 bis 2008......9

Abb. 5: Quantitativer Anteil der Stiftungsarbeit (in %)......11

Abb. 6: Engagement nach Frauen und Männern......14

Abb. 7: Leistungen der Freiwilligenagenturen......18

Abb. 8: Die sieben Kernprozesse der Freiwilligenagenturen......23

Abkürzungsverzeichnis

AWO - Arbeiterwohlfahrt

bagfa - Bundesarbeitsgemeinschaft der Freiwilligenagenturen in Deutschland

BFD - Bundesfreiwilligendienst

BGB - Bürgerliches Gesetzbuch

Der Paritätische - Paritätischer Wohlfahrtsverband

EFD - europäischer Freiwilligendienst

Enquete - Enquete-Kommission „Zukunft des Bürgerschaftlichen Engagements" Deutscher Bundestag

FAM - Freiwilligenagentur Marburg-Biedenkopf e.V.

FSJ - Freiwilliges soziales Jahr

FÖJ - Freiwilliges ökologisches Jahr

IFD - internationaler Freiwilligendienst

lagfa - Landesarbeitsgemeinschaft der Freiwilligenagenturen

QMS - Qualitätsmanagementsystem

1   Einleitung

Die Bereiche Schule und Altenhilfe unterliegen einem strukturellen Wandel, der verschiedene Herausforderungen mit sich bringt. Schulen sollen zu Ganztagsschulen werden (Enquete 2002, S. 545 ff.) und in der Altenhilfe wird, bedingt durch den demografischen Wandel und den damit verbundenen Anstieg der Anzahl Älterer in unserer Gesellschaft, immer mehr Personal benötigt. Aus diesen Gründen ist es besonders wichtig, dass sich Bürger, als Freiwillige an der Bewältigung der neuen Aufgaben beteiligen. Zum einen aus Personalnot, zum anderen um die verschiedenen Institutionen besser in die Gesellschaft einzubinden. Freiwilligenagenturen können dazu einen Beitrag leisten, nicht nur indem sie Freiwillige an Projekte vermitteln, sondern darüber hinaus auch durch die Organisation, Vernetzung und Anleitung der verschiedenen Organisationen und Projekte (Enquete 2002, S. 311).

Diese Bachelorarbeit untersucht die Rolle der Freiwilligenagenturen und den Beitrag, den sie in den Bereichen Schule und Altenhilfe leisten.
Zu Beginn wird der Begriff Engagement, im speziellen das soziale Engagement kurz erläutert. Des weiteren sollen Zahlen zum einen die Bereitschaft der deutschen Bevölkerung zum freiwilligen Engagement verdeutlichen und zum anderen dessen Vielfalt darstellen. Anschließend wird auf entstehungsgeschichtliche Aspekte der Freiwilligenagenturen und die Möglichkeit des sozialen Engagements in Schulen und der Altenhilfe eingegangen. Im weiteren Verlauf findet sich eine Beschreibung der Strukturen, Aufgaben und der Vernetzungsmöglichkeiten von Agenturen. In diesem Kontext wird die Bundesarbeitsgemeinschaft der Freiwilligenagenturen e.V. (bagfa) auf Bundesebene und für das Land Hessen die Landessarbeitsgemeinschaft der Freiwilligenagenturen Hessen e.V. (lagfa) betrachtet.
Als Exempel wird die Freiwilligenagentur Marburg-Biedenkopf e.V. genauer beschrieben. Aus deren Projektarbeit soll jeweils ein Projekt aus dem Bereich Schule und ein Projekt aus dem Bereiche Altenhilfe sowie das Projekt Engagement-Lotse weiter analysiert und erläutert werden.

Die Arbeit setzt sich aus einem theoretischen und einem praktischen Teil zusammen. Der theoretische Teil beruht auf der Analyse von Fachliteratur und Internetquellen. Der praktische

Teil stellt ein Interview mit der Leiterin der Freiwilligenagentur Marburg-Biedenkopf e.V. dar. Das Interview wurde in Marburg durchgeführt und dauerte in etwa eine Stunde. Zu Zwecken der besseren Lesbarkeit wurden einige Stellen während der Transkription vereinfacht formuliert.

2   Bürgerschaftliches Engagement

Im Folgenden wird der Begriff des bürgerschaftlichen Engagements definiert und erläutert.
Im Duden wird der Begriff Engagement als „Gefühl des inneren Verpflichtetseins zu etwas; persönlicher Einsatz." (Dudenredaktion 2011, S. 296) definiert.
Im früheren Sprachgebrauch wurde der Begriff des Ehrenamts verwendet, womit meist politische Ämter gemeint waren. Heutzutage wird der Begriff Ehrenamt jedoch synonym für Engagement verwendet. Eine Abgrenzung kann nur darin bestehen, dass Ehrenämter als stärker formalisiert gelten und somit eine stärkere Verpflichtung mit sich bringen als das Engagement. Außerdem beinhaltet das Engagement weit mehr Formen des sich engagieren, als die Position in einem Ehrenamt (Enquete 2002, S. 74).

Bürgerschaftliches Engagement bezieht sich auf jegliches Engagement, welches Bürger und Bürgerinnen der Gesellschaft entgegenbringen. Zu dem Begriff des freiwilligen Engagements besteht insoweit nur der Unterschied, dass z. B. die Bestellung zum Schöffen nicht freiwillig erfolgt sondern einer Pflicht unterliegt. Demnach wäre dieser Vorgang kein freiwilliges, sondern bürgerschaftliches Engagement, da der Bürgerpflicht nachgekommen wird (Enquete 2002, S. 73). Aufgrund der geringen Unterschiede zwischen freiwilligem Engagement und bürgerlichem Engagement bezieht sich diese Arbeit auf Quellen mit beiden Begriffen.

Bürgerschaftliches Engagement kann eine aktive Mitgliedschaft, wie auch die Teilnahme an politischen Wahlen bedeuten (Evers 2009, S.66). Ebenfalls dazu zählen Organisationen zur Selbsthilfe und andere Formen der Selbstorganisation wie Bürgerinitiativen (Enquete 2002, S. 74). An dieser Stelle soll festgehalten werden, dass eine reine Mitgliedschaft in z. B. einem Verein nicht unter diesen Begriff fällt.
Seit einiger Zeit findet im Bereich des bürgerschaftlichen Engagements eine Pluralisierung statt. Das bedeutet, dass die BürgerInnen sich nicht mehr nur in den klassischen Bereichen wie den Vereinen engagieren, sondern, dass es vermehrt andere Formen der

Zusammenschlüsse gibt. Dies trifft besonders in den Bereichen der Ökologie, Kultur und Schule sowie im Gesundheitssektor zu. Trotz der Pluralisierung findet keine Verdrängung der klassischen Organisationsform in Vereinen statt. Vielmehr profitieren diese von der Pluralisierung, beispielsweise in Form von Modernisierungsprozessen, wie der Auflockerung von vereinsinternen Verpflichtungen. (Enquete 2002, S. 109f). Somit umfasst der Begriff bürgerschaftliches Engagement ein weites Spektrum.

Sich zu engagieren ist eine aktive Entscheidung, die jeder Bürger für sich selbst treffen muss bzw. kann (Enquete 2002, S. 73).

Die Eigenschaften des bürgerschaftlichen Engagements sind:
- Freiwilligkeit
- Keine Ausrichtung auf materielle Gewinne
- Gemeinwohlorientierung
- Öffentlichkeit bzw. das Stattfinden im öffentlichen Raum
- Gemeinschaftliches Ausüben bzw. kooperatives Ausüben

(Enquete 2002, S. 86)

Der Begriff der Freiwilligkeit bedeutet in diesem Kontext, dass bürgerschaftliches Engagement keinen Pflichtdienst darstellt (Enquete 2002, S. 87). Der Bürger oder die Bürgerin entscheidet sich aktiv dazu, sich freiwillig zu engagieren (Enquete 2002, S. 73). Die Tatsache, dass bürgerschaftliches Engagement nicht auf materiellen Gewinn ausgerichtet ist bedeutet, dass mit der Ausübung „kein monetäres Einkommen erzielt werden kann." (Enquete 2002, S. 87). Trotzdem kann aus der Tätigkeit ein unentgeltlicher Nutzen, wie z. B. Selbstverwirklichung gezogen werden. Ein Gleichsetzen mit altruistischem, also selbstlosem Handeln wäre allerdings nicht korrekt, denn wie bereits zuvor beschrieben, erzielt der Engagierte in den meisten Fällen einen Eigennutzen. Im Vordergrund der Gemeinwohlorientierung steht ebenso der Gedanke der Gegenseitigkeit. Dies bedeutet, dass der Engagierte auf eine ähnliche oder gleiche Leistung, die er in Zukunft zurück erhält, hofft (Enquete 2002, S. 87).

Weiters Merkmal des bürgerschaftlichen Engagements ist, dass es eine wichtige Funktion in der Bürgergesellschaft erfüllt. Durch bürgerschaftliches Engagement wird Zusammenhalt geschaffen und Sozialkapital ausgebildet. Außerdem ist es selbst organisiert und ermöglicht eine Teilhabe. Daraus entsteht ein Mitgestaltungsanspruch. Öffentlich findet bürgerschaftliches Engagement immer statt, da es weder dem Staat, noch dem Markt oder dem Privaten, also Familie und Haushalt angehört. Bürgerschaftliches Engagement ist zudem von Gemeinschaftlichkeit geprägt. Das heißt, es findet eine Orientierung an Gruppen, wie der Gemeinschaft der Dorfbewohner oder anderen Gemeinschaften statt. Bürgerschaftliches Engagement ist oft mit weiteren Formen des Engagements wie dem Spenden von Geldbeträgen gekoppelt (Enquete 2002, S. 88).

Über die vorher genannten Eigenschaften des bürgerschaftlichen Engagements hinaus hat es „eine eigene Produktivität und trägt auf seine Weise zur gesellschaftlichen Wohlfahrt bei" (Enquete 2002, S. 89). Dies geschieht, da es in Kooperation mit dem Staat, Markt oder der Familie tritt. Bürgerschaftliches Engagement fungiert somit als eine Art Bindeglied zwischen diesen Sphären (Enquete 2002, S. 89). Für das Ausüben von bürgerschaftlichem Engagement gibt es nicht nur ein Motiv. Verschiedene Autoren unterteilen die Motive in Motivgruppen.

Anheier und Toepler unterscheiden in vier Motivgruppen:
- *Altruistische Motive* (Mitgefühl, Hoffnung schenken, Identifikation mit Notleidenden)
- *Instrumentelle Motive* (die Freizeit sinnvoll nutzen, Erfahrungen sammeln, Zufriedenheit erlangen)
- *Moralisch-obligatorische Motive* (religiöse bzw. moralische Pflichten, Buße tun, Vertretung der Werte)
- *Gestaltungsorientierte Motive* (Mitbestimmung und Partizipation, Kommunikation, Missstände verändern wollen)

(Anheier/Toepler 2001, S. 19 zitiert nach Enquete 2002, S. 114)

Böhle wiederum unterteilt die Motive in fünf Gruppen:
- *Altruistische Gründe* (Pflichterfüllung, Gemeinwohlorientierung)
- *Gemeinschaftsbezogene Gründe* (Kommunikation)
- *Gestaltungsorientierte Gründe* (Mitbestimmung, Partizipation)
- *Problemorientierte Gründe* (Missstände verändern wollen, eigene Probleme bewältigen)

- *Entwicklungsbezogene Gründe* (Selbstverwirklichung, arbeitsmarktbezogen)

(Böhle 2001, S. 35 zitiert nach Enquete 2002, S. 114)

Festzustellen ist, dass die selbstbezogenen Motive an Bedeutung gewinnen, während die pflichtbezogenen Motive abnehmen. Selbstverwirklichung wird immer wichtiger. Darunter fallen das Sammeln von Erfahrungen, das Verbessern von Fähigkeiten und die Ausbildung von Kompetenzen. Daraus lässt sich ein Wandel der Motivstruktur des bürgerschaftlichen Engagements ablesen (Gensicke/Klages 1998, S. 190).

Abb. 1: Freiwillig Engagierte, öffentlich Aktive und Nichtaktive im Zeitverlauf

Grafik 3:
Freiwillig Engagierte, öffentlich Aktive und Nichtaktive im Zeitverlauf
Bevölkerung ab 14 Jahren (Angaben in Prozent)

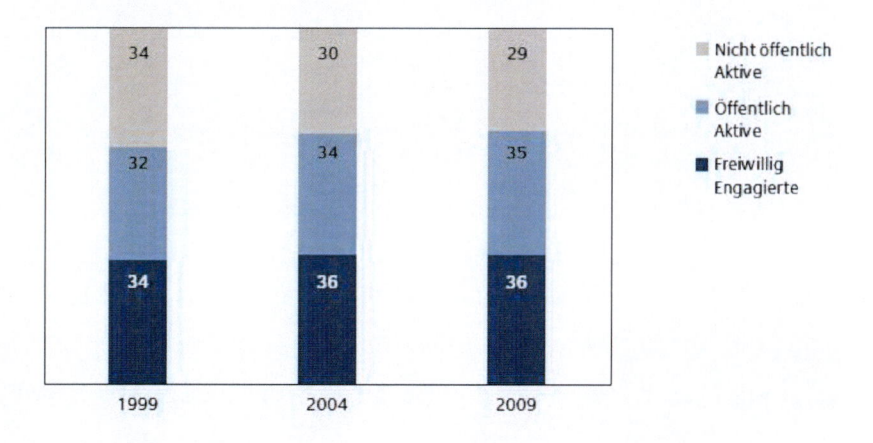

Jahr	Freiwillig Engagierte	Öffentlich Aktive	Nicht öffentlich Aktive
1999	34	32	34
2004	36	34	30
2009	36	35	29

Quelle: Freiwilligensurveys 1999, 2004, 2009

(Bundesministerium für Familien, Senioren, Frauen und Jugend (BMFSFJ) 2010, S.16)

Wie in Abbildung 1 zu sehen ist, waren 2009 mehr BürgerInnen aktiv bzw. freiwillig engagiert als noch im Jahr 1999. Die öffentlich Aktiven sind BürgerInnen, die nicht nur passives Mitglied in z. B. einem Verein sind, sondern lediglich diejenigen, welche sich aktiv beteiligen. Die freiwillig Engagierten sind die passiven Mitglieder, welche keine weiteren Aufgaben übernehmen (BMFSFJ 2010, S. 16).

Besonders auffällig ist der starke Anstieg der Menschen, die bereit wären, sich zu engagieren.

Abb. 2: Freiwilliges Engagement und die Bereitschaft dazu

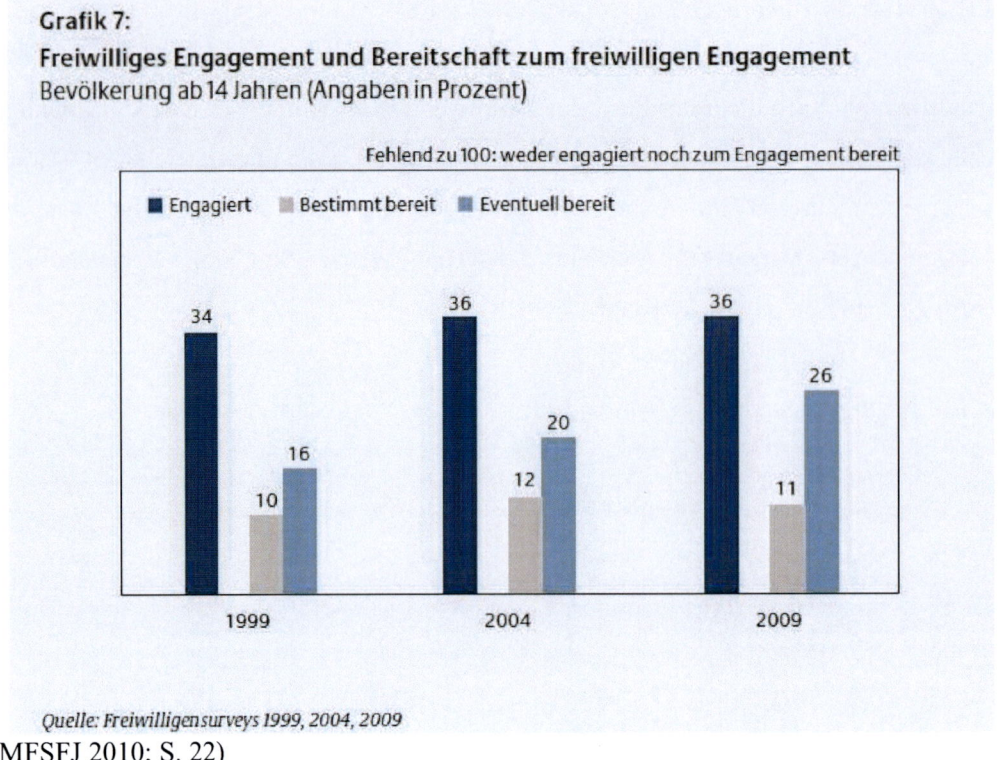

Grafik 7:
Freiwilliges Engagement und Bereitschaft zum freiwilligen Engagement
Bevölkerung ab 14 Jahren (Angaben in Prozent)

Fehlend zu 100: weder engagiert noch zum Engagement bereit

■ Engagiert ■ Bestimmt bereit ■ Eventuell bereit

Jahr	Engagiert	Bestimmt bereit	Eventuell bereit
1999	34	10	16
2004	36	12	20
2009	36	11	26

Quelle: Freiwilligensurveys 1999, 2004, 2009

(BMFSFJ 2010; S. 22)

In Abbildung 2 ist zu sehen, dass sich der Anteil der Engagierten von 1999 bis 2009 kaum verändert hat. Ein starker Anstieg ist in dem Bereich derer zu sehen, die eventuell bereit wären, sich zu engagieren. Dies zeigt das große Potenzial des Engagements (BMFSFJ 2010, S. 22).

Das Engagement wird in dem Freiwilligensurvey in verschiedene Bereiche unterteilt:

Abb. 3: Freiwilliges Engagement „14 Bereiche"

Grafik 4:
Freiwilliges Engagement in 14 Bereichen
Bevölkerung im Alter ab 14 Jahren (Angaben in Prozent): Mehrfachnennungen

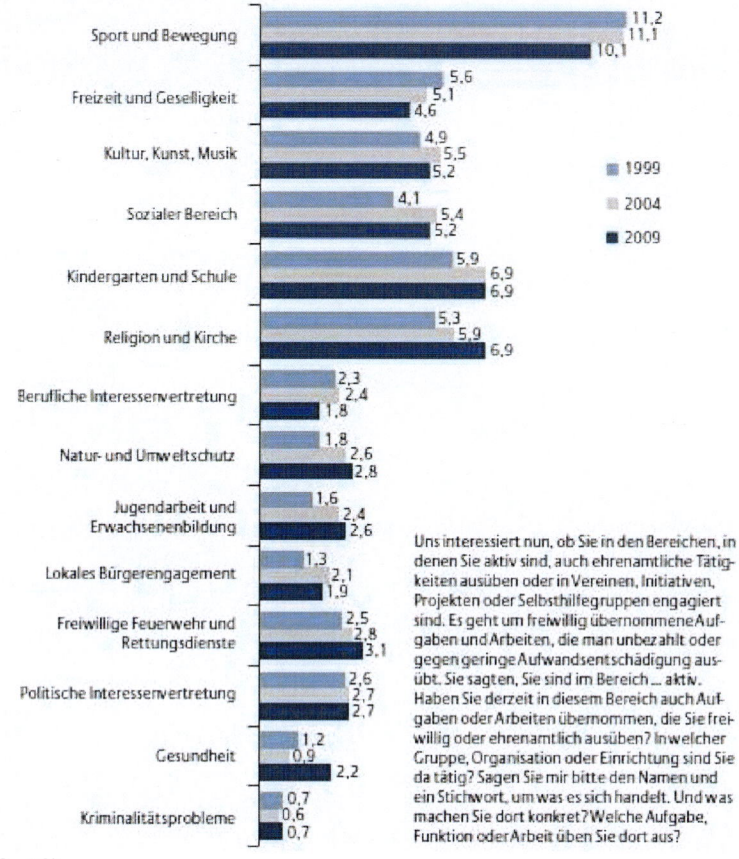

Bereich	1999	2004	2009
Sport und Bewegung	11,2	11,1	10,1
Freizeit und Geselligkeit	5,6	5,1	4,6
Kultur, Kunst, Musik	4,9	5,5	5,2
Sozialer Bereich	4,1	5,4	5,2
Kindergarten und Schule	5,9	6,9	6,9
Religion und Kirche	5,3	5,9	6,9
Berufliche Interessenvertretung	2,3	2,4	1,8
Natur- und Umweltschutz	1,8	2,6	2,8
Jugendarbeit und Erwachsenenbildung	1,6	2,4	2,6
Lokales Bürgerengagement	1,3	2,1	1,9
Freiwillige Feuerwehr und Rettungsdienste	2,5	2,8	3,1
Politische Interessenvertretung	2,6	2,7	2,7
Gesundheit	1,2	0,9	2,2
Kriminalitätsprobleme	0,7	0,6	0,7

Uns interessiert nun, ob Sie in den Bereichen, in denen Sie aktiv sind, auch ehrenamtliche Tätigkeiten ausüben oder in Vereinen, Initiativen, Projekten oder Selbsthilfegruppen engagiert sind. Es geht um freiwillig übernommene Aufgaben und Arbeiten, die man unbezahlt oder gegen geringe Aufwandsentschädigung ausübt. Sie sagten, Sie sind im Bereich ... aktiv. Haben Sie derzeit in diesem Bereich auch Aufgaben oder Arbeiten übernommen, die Sie freiwillig oder ehrenamtlich ausüben? In welcher Gruppe, Organisation oder Einrichtung sind Sie da tätig? Sagen Sie mir bitte den Namen und ein Stichwort, um was es sich handelt. Und was machen Sie dort konkret? Welche Aufgabe, Funktion oder Arbeit üben Sie dort aus?

(BMFSF 2010, S. 18)

Der größte Bereich ist mit Abstand Sport und Bewegung, wobei dort seit 1999 ein leichter Rückgang zu verzeichnen ist. Der größte Anstieg ist im Bereich der Religion und Kirche sowie im Gesundheitsbereich festzustellen (BMFSFJ 2010, S. 18).

2.1 Formen von bürgerschaftlichem Engagement

Vereine

Bürgerschaftliches Engagement kann in die verschiedensten Formen unterteilt werden. Die wohl Bekannteste darunter ist der Verein (Enquete 2002, S. 233). Die ersten Vereine gab es bereits Mitte des 18. Jahrhunderts. Sie begründen sich auf die moderne Emanzipationsbewegung.

Die Merkmale waren:

- Freiwilliger Beitritt
- Freiwilliger Austritt
- Freiwillige Auflösung

(Enquete 2001, S. 235)

So stellten die Vereine eine neue Organisationsform dar. Ihre Funktion galt, wie auch heute noch, der Interessenvertretung und politischen Artikulation. Im 19. Jahrhundert bildeten die Vereine die Vorgängerform politischer Parteien. Vereine boten so die Möglichkeit zur bürgerlichen Selbstorganisation (Enquete 2002, S. 235 f.).

Obwohl die Vereine lange als „spießig" und altmodisch abgetan wurden, erfreuen sie sich seit einiger Zeit über vermehrten Zulauf (Enquete 2002, S. 233). Dies wird besonders bei Abbildung 3 deutlich. Der Bereich Sport und Bewegung, bei dem die Organisation meistens in Vereinen stattfindet, konnte von 1999 bis 2004 einen Zuwachs von 5 % verzeichnen (BMFSFJ 2010, S. 13). Ein breites Spektrum an Gebieten wird von der Form des Vereins abgedeckt (Enquete 2002, S.234). Im Bürgerlichen Gesetzbuch (BGB) sind von § 21 bis § 79 alle rechtlichen Normen zu Vereinsgründung, Mitgliederzahlen, Vereinsvorständen usw. niedergeschrieben. Vereine die für bürgerschaftliches Engagement wichtig sind, sind die nichtwirtschaftlichen Vereine. Diese Vereine erhalten ihre Rechtsgültigkeit, indem sie als eingetragener Verein (e.V.) im Vereinsregister registriert werden. Der Unterschied zu einem wirtschaftlichen Verein ist, dass erzielte Gewinne nicht an die Vereinsmitglieder ausgeschüttet werden dürfen. Damit ist ein nichtwirtschaftlicher Verein eine Non-Profit Organisation. Weiterhin ist festgelegt, dass sie z. B., mindestens sieben Mitglieder und einen Vorstand haben müssen (Enquete 2002, S. 234 und BMJ 2011, § 21 - § 79).

Da es in der Bundesrepublik Deutschland kein zentrales Vereinsregister gibt, sondern alle Vereine in etwa 600 Amtsgerichten registriert sind fehlen genaue Daten über die Anzahl der Vereine (Enquete 2002, S. 236). Die Zahlen in Abbildung 4 wurden von einem privaten Unternehmen erhoben, welches die Daten durch Befragungen bzw. Zusammentragen der vorliegenden Zahlen der Amtsgerichte in Deutschland ermittelt hat. Die Anzahl der von 1999 eingetragenen Vereine wurde aus dem Bericht der Enquete-Kommission entnommen. Die Enquete-Kommission wurde vom Deutschen Bundestag berufen und hat die Aufgabe eine Bestandsaufnahme und Perspektiven des bürgerschaftlichen Engagements in Deutschland zu erarbeiten sowie einen öffentlichen Bewusstseinswandel herbeizuführen (Enquete 2001, S. 5).

Abb. 4: Anzahl eingetragener Vereine in Deutschland von 1999 bis 2008

[Balkendiagramm mit folgenden Werten: 1999: 477860; 2001: 544701; 2003: 574359; 2005: 594277; 2008: 554401]

(Eigene Darstellung nach Enquete 2002, S. 236 und Herrmann/Happes 2001 und Happes 2003 und Happes 2005 und Happes 2008)

Wie in Abbildung 4 zu sehen ist, gab es bis 2005 einen Anstieg der Anzahl der eingetragenen Vereine in Deutschland. Nur im Jahr 2008 ist im Vergleich zu den anderen Jahren ein Rückgang zu verzeichnen. Die Daten für 2011 sind in der Grafik nicht enthalten, da sie erst im September 2011 veröffentlicht werden.

Verbände

Eine weitere Form des bürgerschaftlichen Engagements sind die Verbände. Verbände dienen, anders als Vereine, hauptsächlich der Interessenbündelung und der Interessendurchsetzung. Sie sind meistens in den politischen Handlungsfeldern angeordnet, um die Interessen ihrer Mitglieder durchzusetzen. Beispiele für große bekannte Verbände sind die Arbeiterwohlfahrt (AWO) und der Paritätische Wohlfahrtsverband (der Paritätische). Wie in Vereinen ist die Mitgliedschaft in Verbänden freiwillig und sie agieren ebenfalls nicht gewinnorientiert. Verbände werden meistens mit weniger aktivem bürgerschaftlichen Engagement betrieben wie die Vereine, da die meisten Mitglieder passive Beitragszahler sind. Besondere Merkmale der Verbände sind Partizipation und Transparenz, was auch mit dem bottom-up Ansatz beschrieben wird (Enquete 2002, S. 239 f.). Eine Registrierung kann über den Deutschen Bundestag erfolgen, woraufhin sie in die Liste der Verbände aufgenommen werden. Verpflichtende Angaben vonseiten der Verbände sind z. B. Name und Sitz des Verbandes, die Zusammensetzung von Vorstand und Geschäftsführung sowie die Anzahl der Mitglieder (Deutscher Bundestag o.J.). Waren es im März 2002 noch 1.746 Verbände (Enquete 2002, S. 239), so sind es im Juli 2011 bereits 2129, was einen deutlichen Anstieg der Registrierungen in Deutschland zeigt (Deutscher Bundestag 2011, S. 693).

Stiftungen

Die Organisationsform der Stiftungen fällt ebenfalls unter bürgerschaftliches Engagement. Sie zählen zu den ältesten Formen des bürgerschaftlichen Engagements. Ein besonderes Merkmal ist, dass sich nicht auf den Menschen sondern auf „eine materielle Basis" (Enquete 2002, S. 243) bezogen wird. Das bedeutet, dass der Zweck der Stiftung vorgegeben ist und sich nicht durch Meinungen von Mitgliedern ändern lässt. Diese Möglichkeit trifft nur auf Vereine und Verbände zu. Eine Stiftung hingegen wird immer im Sinne des Stifters weitergeführt. Die Grundlage für das Bestehen der Stiftungen ist die freie Persönlichkeitsentfaltung, welche im Grundrecht der Bundesrepublik Deutschland verankert ist. Die rechtlichen Normen lassen sich wie bei den Vereinen aus dem BGB sowie der Gesetzgebung der Länder entnehmen. Ziel einer Stiftung ist es in den meisten Fällen dem Gemeinwohl zu dienen. Dies kann je nach Stiftung äußerst unterschiedlich ausfallen (Enquete 2002, S. 243 f.). Ein Beispiel für eine Stiftung ist die „Horst und Marianne Blockwitz-Stiftung", welche 2005 von den Eheleuten Horst und Marianne Blockwitz gegründet wurde. Der Schwerpunkt der Stiftung liegt auf der musikalischen Förderung von Kindern und Jugendlichen sowie der Förderung der Spracherziehung bei Kleinkindern (Deutsches Stiftungszentrum GmbH o.J.). Ein anderes Beispiel für eine Stiftung ist die „Karl Kübel Stiftung", welche 1972 vom Namensgeber gegründet wurde. Diese Stiftung befasst sich mit vielen verschiedenen Themen wie der Entwicklungsarbeit in Indien und dem Kosovo ebenso wie der Förderung von Kindern aus benachteiligten Familien in Deutschland (Karl Kübel Stiftung für Kind und Familie o.J.). Abgesehen von den zuvor genannten Beispielen betreiben Stiftungen oft Krankenhäuser, Altenheime oder Museen.

Ursprünglich war eine Stiftung dafür gedacht, Vermögen an Treuhänder übergeben zu können, der rechtlich geschützt das Vermögen nur im Willen des Stifters verwaltet. Dieser Gedanke dominiert auch heute noch. Die Anzahl der Stiftungen in der Bundesrepublik ist schwer zu schätzen. Die Enquete-Kommission nahm 2002 an, dass es circa 12.500 Stiftungen gibt.

Stiftungen können entweder von Privatpersonen, Städten, Kirchen oder Unternehmen getragen werden. Dies deutet auf eine große Vielfalt im Bereich der Stiftungen hin. Trotz dieser Vielfalt tragen Stiftungen keinen nennenswerten finanziellen Beitrag zum Dritten Sektor, denn das Vermögen der meisten Stiftungen liegt unter 500.000 Euro. Die Enquete-Kommission schätzt das Finanzvolumen, welches dem Dritten Sektor in der Bundesrepublik Deutschland zugutekommt auf etwas 0,3% des Gesamtvolumens an zur Verfügung stehenden Finanzen.

Abb.5: Quantitativer Anteil der Stiftungsarbeit (in %)

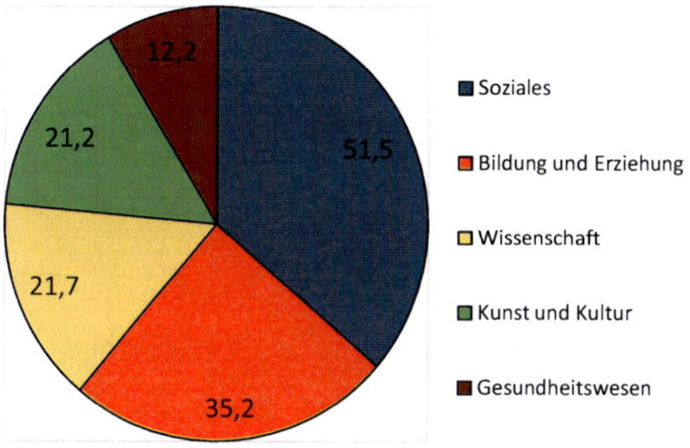

(Eigene Darstellung nach Enquete 2002, S. 246)

In Abbildung 5 stellt sich die quantitative Verteilung der Stiftungsarbeit dar. Auffällig ist, dass der Großteil der Arbeit auf den sozialen Bereich entfällt.
Die meisten Mitarbeiter der Stiftungen, nämlich 85 % sind ehrenamtliche Mitarbeiter. Die restlichen 15 % entfallen auf hauptamtliche Mitarbeiter (Enquete 2001, S. 246).

Freiwilligendienste
Freiwilligendienste gibt es in den verschiedensten Formen. Die wohl bekannteste Form ist das Freiwillige Soziale Jahr (FSJ). Außerdem gibt es noch das Freiwillige Ökologische Jahr (FÖJ) sowie den internationalen Freiwilligendienst (IFD), den europäischen Freiwilligendienst (EFD) und neuerdings den Bundesfreiwilligendienst (BFD).
Freiwilligendienste sind staatlich gefördert und dafür gedacht, dass sich Jugendliche und junge Erwachsene gemeinwohlorientiert engagieren können. Obwohl sie nicht als

Erwerbsarbeitsverhältnis, Studium oder Ausbildung gelten, sind die TeilnehmerInnen der Freiwilligendienste in Hinblick auf die soziale Sicherung den Auszubildenden gleichgestellt. Im Unterschied zu den zuvor erläuterten Formen des bürgerschaftlichen Engagements gibt es in den meisten Fällen, aufgrund des hohen Zeitaufwandes, eine monetäre Entschädigung für die TeilnehmerInnen (Enquete 2002, S. 251 f.).

Das *Freiwillige Soziale Jahr (FSJ)* wird vor allem im sozialen Bereich absolviert. Angeboten wird es für Menschen, die bereits ihre Schulpflicht erfüllt haben, aber „noch nicht das 27. Lebensjahr vollendet haben," (Verein „Für soziales Leben e.V." o.J.). Die zugehörigen Gesetze zum FSJ finden sich im „Gesetz zur Förderung eines freiwilligen sozialen Jahres" von 2002. Seit 2008 gibt es jedoch ein weiteres Gesetz, unter dem auch das Gesetz zum FÖJ zusammengefasst ist. Dieses nennt sich „Gesetz zur Förderung von Jugendfreiwilligendiensten". In diesem Gesetz sind z. B. die Förderungsvoraussetzungen, sowie die zuvor genannte Altersgrenze und mehr beschrieben. Die Zuständigkeit für das FSJ obliegt dem jeweiligen Bundesland. Die Dauer des FSJ kann von sechs bis höchstens 18 Monate variieren und in Ausnahmefällen sogar bis 24 Monate gehen. Einsatzbereiche sind Sport, Arbeit mit Kindern, Behinderten, Alten, Kranken, Jugendlichen sowie Kultur. Hieraus ergeben sich auch die Einsatzstellen. Diese sind Einrichtungen, die dem Gemeinwohl dienen, wie Pflegeheime, Kindergärten, Kliniken, kulturelle Einrichtungen, Einrichtungen für Behinderte, Rettungsdienste sowie kulturelle Einrichtungen (Verein „Für soziales Leben e.V." o.J.).

Dem FSJ ähnlich ist das *Freiwillige Ökologische Jahr (FÖJ)*. Unterschiede zum FSJ stellen die Einsatzbereiche und die Einsatzstellen dar, denn das FÖJ bezieht sich nicht auf den sozialen, sondern auf den ökologischen Bereich. Einsatzstellen sind Einrichtungen im Bereich des Naturschutzes, Umweltbildung, Umweltschutz und der Umweltforschung. Beispiele sind Gartenbau oder Landwirtschaft (Verein „Für soziales Leben e.V." o.J.). Das FÖJ ist eine vergleichsweise junge Form des Freiwilligendienstes und wurde erst 1993 eingeführt (BBE o.J.).

Eine nicht auf die Bundesrepublik Deutschland bezogene Form des Freiwilligendienstes ist der *internationale Freiwilligendienst (IFD)*. Beim IFD kann soziales, ökologisches oder kulturelles Engagement im Ausland geleistet werden. Der IFD kann gesetzlich geregelt, also in Form des FSJ oder des FÖJ oder nicht gesetzlich geregelt, also mit einem privatrechtlichen Vertrag geleistet werden. Im Fall der gesetzlich geregelten Formen kann der IFD nur bei Organisationen geleistet werden, die ihren Hauptsitz in Deutschland haben. Weitere Regelungen sind, dass die TeilnehmerInnen des IFD höchstens 26 Jahre alt sein dürfen und die Tätigkeiten ganztägig ausführen müssen. Die Träger müssen für den Lebensunterhalt aufkommen und ein kleines Taschengeld bezahlen. Die maximale Dauer des IFD liegt bei zwölf Monaten und kann nicht verlängert werden, anders als beim FSJ oder FÖJ (BBE o.J.).

Eine weitere Form um sich außerhalb Deutschlands zu engagieren ist der *europäische Freiwilligendienst (EFD)*. Dabei können sich Jugendliche und junge Erwachsene von mindestens zwei bis höchstens zwölf Monate im vorwiegend europäischen Ausland engagieren. Teilnehmen können bei dem EFD Personen zwischen 18 und 30 Jahren sein (BBE o.J.).

Laut der Enquete-Kommission nahmen im Jahrgang 2000/2001 etwa 14.700 Jugendliche und junge Erwachsene an allen oben genannten Freiwilligendiensten teil. Davon waren im FSJ ca. 90 % der TeilnehmerInnen weiblich und im restlichen Freiwilligendienst lag der Frauenanteil bei ca. 80 % ebenfalls hoch (Enquete 2001, S. 252).

Die neueste Form sich in einem Freiwilligendienst bürgerschaftlich zu engagieren ist der *Bundesfreiwilligendienst (BFD)*. Der BFD wurde im Juli 2011 eingeführt und dient als Ersatz zum vorherigen Wehr- bzw. Zivildienst, wobei hier auch Frauen teilnehmen können. Im Unterschied zu den vorherig genannten Freiwilligendiensten kann sich jeder Bürger und jede Bürgerin beim BFD engagieren, der seine Schulpflicht beendet hat. Die Dauer beträgt zwölf Monate, wobei auch auf sechs Monate verkürzt bzw. 18 Monate verlängert werden kann. TeilnehmerInnen, die älter als 27 sind, können den BFD auch als Teilzeittätigkeit ausüben. Das maximale Taschengeld liegt bei 330 Euro im Monat. Die Einsatzbereiche sind sehr vielfältig. So kann der Dienst in einem sozialen, ökologischen, kulturellen oder sportlichen Bereich geleistet werden (BMFSFJ o. J.). Kritik an dem neuen BFD lässt sich dahingehend äußern, dass der BFD eine Konkurrenz zu FSJ und FÖJ darstellt. Auch kann angeführt werden, dass das monatliche Taschengeld kaum ausreichen wird, den Lebensunterhalt finanzieren können. Fraglich bleibt auch, ob der neue BFD alle weggefallenen Stellen des Zivildienstes auffangen kann (BBE o. J.). Ein Vorteil des BFD ist, dass auch Personen, die bereist älter als 27 bzw. 30 Jahre sind, teilnehmen können.

2.2 Soziales Engagement

Soziales Engagement lässt sich unter den Begriff des bürgerschaftlichen Engagements einordnen. Es werden jedoch nur 5 % des bürgerschaftlichen Engagements in Form von sozialem Engagement erbracht (Schlaugat 2010, S. 28). Soziales Engagement beinhaltet alle Leistungen innerhalb der Gesellschaft, die freiwillig und unentgeltliche ausgeführt werden. Der Sinn ist Einzelpersonen oder Gruppen zu unterstützen und ihnen zu helfen.

Soziales Engagement kann mit einem symbolischen, wie auch einem ökonomischen Wert belegt werden. Der ökonomische Wert ergibt sich daraus, dass durch das soziale Engagement weniger Kosten, Personen und Institutionen aufgewendet werden müssen, um die sozialen Dienste auszuführen. Der symbolische Wert dient dazu, die engagierte Person und die gesamte Gesellschaft humaner erscheinen zu lassen (Rauschenbach, Müller, Otto 1992, S. 223). Unterteilt nach Geschlecht ergibt sich eine Rangfolge der unterschiedlichen Bereiche, wie in Abbildung 6 dargestellt.

Abb. 6: Engagement nach Frauen und Männern

Rangfolge der Bereiche			
Frauen	%*	Männer	%**
Sport / Bewegung	8	Sport / Bewegung	15
Schule / Kindergarten	7	Freizeit / Geselligkeit	7
Kirchlicher / religiöser Bereich	6	Kultur / Musik	6
Sozialer Bereich	5	Schule / Kindergarten	4
Freizeit / Geselligkeit	5	Kirchlicher / religiöser Bereich	4
Kultur / Musik	4	Politik / pol. Interessenvertretung	4
Gesundheitsbereich	2	Unfall- / Rettungsdienst, freiwillige Feuerwehr	4
Umwelt- /Natur- / Tierschutz	2	Sozialer Bereich	3
Außerschulische Jugendarbeit/ Bildungsarbeit mit Erwachsenen	1	Berufliche Interessenvertretung außerhalb des Betriebes	3
Politik / pol. Interessenvertretung	1	Umwelt- /Natur- / Tierschutz	2
Berufliche Interessenvertretung außerhalb des Betriebes	1	Außerschulische Jugendarbeit/ Bildungsarbeit mit Erwachsenen	2
Justiz / Kriminalitätsprobleme	1	Sonstige bürgerschaftliche Aktivität am Wohnort	2
Unfall- / Rettungsdienst, freiwillige Feuerwehr	1	Gesundheitsbereich	1
Sonstige bürgerschaftliche Aktivität am Wohnort	1	Justiz / Kriminalitätsprobleme	1

* der weiblichen Bevölkerung   ** der männlichen Bevölkerung

(Zierau 2001, S. 137)

Bei den Frauen steht der soziale Bereich auf Platz drei mit 5 % der weiblichen Bevölkerung, während bei den Männern der soziale Bereich auf Platz sechs mit 3 % der männlichen Bevölkerung steht (Zierau 2001, S. 137).

Doch nicht nur im sozialen Bereich kann soziales Engagement ausgeübt werden, sondern auch in den Bereichen Schule, Kindergarten oder Religion findet vorwiegend soziales Engagement statt. Diese Bereiche sind bei den Frauen ebenfalls stärker vertreten als bei den Männern (Zierau 2001, S. 137).

2.2.1 Soziales Engagement in Schulen

Im Bereich der Schule finden seit Jahren Debatten statt, die die mangelnde Öffnung und die fehlende Einbettung der Schulen in die Bürgergesellschaft thematisieren. Die Schule soll zu einem Ort des Lebens und Lernen werden und nicht mehr nur als starre staatliche Institution verstanden werden. Nicht nur die Naturwissenschaft stellt neue Herausforderung an das Wissen und Lernvermögen der SchülerInnen, sondern auch soziale Herausforderungen wie eine problematische soziale Herkunft ergeben einen Bedarf an neuen Einflussformen innerhalb der Schulen. Auch der vermehrte Ausbau zu Ganztagsschulen stellt neue Anforderungen an das Lehr- und Betreuungsangebot. Über die Vermittlung des Lernstoffes hinaus sollte nun eine sinnvolle Beschäftigung für den Nachmittag gefunden werden. Diese Aufgabe könnten unter anderem freiwillig Engagierte übernehmen. Um die Öffnung der Schule jedoch voranbringen zu können, muss die zentralistische Struktur der Schulen in Deutschland zumindest teilweise aufgelöst werden, um den einzelnen Schulen einen größeren Handlungsspielraum zu bieten (Enquete 2002, S. 545 ff.).

Das Engagement im Bereich Schule und Kindergarten, betrug 2004 und 2009 wie in Abbildung 3 zu sehen ist 6.9 % und ist somit neben Religion und Kirche und nach Sport und Bewegung der zweitgrößte Bereich (Enquete 2001, S. 18). Gering vertreten in diesem Bereich ist die Bevölkerung ab einem Alter von 65 Jahren. Sie sind mit 1,5 % an dem Bereich Kindergarten und Schule beteiligt, was darauf schließen lässt, dass es sich bei einem Großteil der Engagierten um die Eltern der Kinder handelt (Enquete 2002, S. 33). Auch ist der Anteil der engagierten Frauen, welcher bei 7,9 % liegt, in dem Bereich Kindergarten und Schule höher als der Anteil der Männer, der bei 5,9 % liegt (Enquete 2002, S. 40).

2.2.2 Soziales Engagement in der Altenhilfe

Anders als im Bereich der Schulen gehört in der Altenhilfe soziales Engagement schon lange zu einem festen Teil des Konzepts. Das liegt vor allem daran, dass Altenhilfeeinrichtungen überwiegend von den Wohlfahrtsverbänden, besonders den kirchlichen getragen werden und diese einen hohen Anteil an Engagierten vorweisen (Enquete 2002, S. 521 ff.). Der Bereich Altenhilfe ist vermutlich auch aufgrund des verhältnismäßig späten Einführens der Pflegeversicherung, die erst seitdem staatliche Unterstützung im Pflegefall gewährt, auf die vielen ehrenamtlichen Angebote angewiesen. Viele stationäre und ambulante Angebote begründen sich auf dem Bestehen verschiedener gemeinnütziger Vereine, die ihre Aufgabe überwiegend ehrenamtlich verrichten. Jedoch hat sich seit der Einführung der Pflegeversicherung 1994 auch die Anzahl der professionellen Anbieter erhöht (Enquete 2002, S. 522 f.). Zu dem Anstieg der Altenhilfeeinrichtungen und des beschäftigten Personals wird wahrscheinlich auch der demografische Wandel beigetragen haben.

Eine neue Herausforderung stellen die zunehmenden sozialen Probleme der alten Menschen dar. Viele haben kaum Kontakt zur eigenen Familie, oft bedingt durch die große Entfernung der Wohnorte oder sie leiden unter Demenz und brauchen somit eine intensivere Betreuung. Bei diesen Problemen könnte soziales Engagement hilfreich sein (Enquete 2002, S. 526).

Das bedeutet, dass eine Öffnung der Altenheime nach außen nötig ist, um solche Aufgaben vermehrt an die Bürgergesellschaft tragen zu können.

3 Freiwilligenagenturen

Freiwilligenagenturen sind Orte, an denen Engagementwillige sich beraten und informieren lassen können. Sie fungieren als Schnittstelle zwischen den interessierten BürgerInnen und den gemeinnützigen Organisationen. Andere Bezeichnungen für solche Einrichtungen sind Freiwilligenzentrum, Freiwilligen-Börse oder Ehrenamtsbüro. Aus Gründen der Vereinfachung wird hier einheitlich der Begriff der Freiwilligenagenturen verwendet. Freiwilligenagenturen bieten anders als z. B. Seniorenbüros, welche ausschließlich Senioren informieren, für alle Altersklassen Informationen und eine Vermittlung an. In der Regel werden Bereiche wie Ökologie, Politik, Soziales und andere in den Agenturen abgedeckt (Enquete 2002, S. 309). Wie Abbildung 2 zeigt, gibt es ein großes Potenzial von Menschen, die bereit wären, sich zu engagieren. Dieses Potenzial versuchen, die Freiwilligenagenturen auszuschöpfen. Nicht nur Engagementwillige werden von den Freiwilligenagenturen beraten, sondern auch die gemeinnützigen Organisationen selbst. Außerdem leisten die Freiwilligenagenturen Öffentlichkeitsarbeit, um für sich und das bürgerschaftliche Engagement zu werben. Obwohl die Freiwilligenagenturen vergleichsweise junge

Einrichtungen sind, existierten im Jahr 2002 bereits in etwa 180 davon in Deutschland (Enquete 2002, S. 310). Die Trägerschaft dieser Agenturen wird in 37 % aller Fälle von einem Wohlfahrtsverband übernommen. 27 % der Einrichtungen sind selbst eingetragene Vereine und 14 % werden von Trägerverbänden und Kommunen getragen. Trägerschaften wie Kirchenkreise oder Stiftungen stellen eine Minderheit gegenüber den vorher genannten Trägern dar. Die meisten Mitarbeiter der Freiwilligenagenturen sind ehrenamtlich tätig. Nur zu einem sehr kleinen Teil werden die Stellen von hauptamtlichen Mitarbeitern besetzt. Nicht nur die Trägerschaften und die Mitarbeiterprofile sind vielfältig und individuell, sondern auch die Finanzsituation der einzelnen Agenturen. Das verfügbare Jahresbudget reichte im Jahr 2002 von 0 Euro bis zu 200.000 Euro (Enquete 2002, S. 312 f.).

3.1 Entstehungshintergrund

Freiwilligenagenturen entstanden „In der zweiten Hälfte der 1990er Jahre" (Enquete 2002, S. 309). Zu dieser Zeit wurden in Deutschland vermehrt Einrichtungen, die das bürgerschaftliche Engagement fördern sollten, gegründet. Diese hatten zunächst den Zweck neue Freiwillige zu informieren und zu vermitteln, die sich nicht in den klassischen Formen engagieren wollten. Zu dieser Zeit begann die bereits zuvor beschriebene Pluralisierung des bürgerschaftlichen Engagements (Enquete 2002, S. 310). Dass überhaupt Freiwilligenagenturen entstanden, deutet darauf hin, dass das Interesse der deutschen Bevölkerung sowie der Politik seit den 90er Jahren an bürgerschaftlichem Engagement stark gestiegen ist.

Das Wort „Freiwilligenagentur" deutete auf eine neue, moderne Ansicht des Freiwilligentums hin, indem durch das Wort „Agentur" der Dienstleistungscharakter hervorgehoben wird. Die Freiwilligenagenturen waren und sind vor allem für die Engagementwilligen eine Anlaufstelle, die sich nicht unbedingt in den großen Wohlfahrtsverbänden engagieren wollen, sondern eine individuelle Betreuung und Aufgabe suchen (Jakob/ Janning 2001, S. 484 ff.).
Vorbild für die deutschen Freiwilligenagenturen ist vor allem „das niederländische Modell der „Vrijwilligerscentralen" (Enquete 2002, S. 310).

Trotz der Zahl von 180 Agenturen in Deutschland heißt das nicht, dass sie ein gut verzweigtes und kommunikatives Netzwerk bilden. Bedingt durch die junge Geschichte gibt es Freiwilligenagenturen in den verschiedensten Entwicklungsstadien. Das und die verschiedenen Konzeptionen die Freiwilligenagenturen verfolgen erschweren eine flächendeckende Kommunikation (Enquete 2002, S. 310).

3.2 Aufgaben und Leistungen – Beitrag von Freiwilligenagenturen zu bürgerschaftlichem Engagement

Die Aufgaben und Leistungen der Freiwilligenagenturen sind vielfältig. Das Spektrum der Agenturen reicht von der Beratung, Information und Vermittlung der Engagementwilligen bis zur Öffentlichkeitsarbeit und Vernetzungsaufgabe von Organisationen (Enquete 2002, S. 310 f.). Beraten, Informieren und Vermitteln sind grundlegende Leistungen der Freiwilligenagenturen, wie auf Abbildung 7 zu sehen ist.

Abb.7: Leistungen der Freiwilligenagenturen

Frage: Welche der Arbeitsbereiche deckt Ihre Freiwilligenagentur zurzeit stark ab?	
Information und Beratung von Freiwilligen	88 %
Vermittlung von Freiwilligen	86 %
Öffentlichkeitsarbeit für das freiwillige Engagement	78 %
Zusammenarbeit mit Organisationen	76 %
Vernetzung im Freiwilligensektor	62 %
Entwicklung von Engagementprojekten	58 %
Beratung von Organisationen	38 %
Fort- und Weiterbildung im Freiwilligensektor	33 %
Freiwilligendienste	16 %
Zusammenarbeit mit Unternehmen	14 %

n (min2009) = 217, abgebildet sind nur die Antworten „stark" und „sehr stark"

(Backhaus-Maul/Speck 2011, S. 304)

Durch diese Leistungen fördern sie die Vernetzung zwischen den Engagementwilligen und den Organisationen in die sie vermitteln. Dadurch, dass Engagierte heutzutage oft nicht mehr ihr ganzen Leben lang einem Engagement nachgehen wollen, sondern unter Umständen in ein anderes Engagementgebiet wechseln möchten, entstehen an diesen Stellen kritische Punkte.

Diese können die Freiwilligenagenturen durch ihre beratende und vernetzende Funktion zu überbrücken helfen und den Engagierten den Wechsel in ein neues Engagement erleichtern. Zudem haben Freiwilligenagenturen die Möglichkeit die Organisationen in die sie vermitteln zu beraten und ihnen dabei zu helfen für Engagementwillige attraktiver zu wirken (Janning/Placke 2002, S. 62 ff.).

Die grundlegenden Leistungen, der Agenturen sind:
- informieren, vermitteln und beraten von Engagementwilligen
- Bereitstellung von Qualifizierungsangeboten für Engagierte
- Beratung und Unterstützung von „Organisationen bei der Entwicklung von engagementfreundlichen Rahmenbedingungen" (Enquete 2002, S. 311)
- Förderung kommunaler Netze
- neue Formen von freiwilligem Engagement fördern, sowie die gesellschaftliche Teilhabe
- Öffentlichkeitsarbeit für „eine neue Kultur des freiwilligen Engagements." (Enquete 2002, S. 311) betreiben

In den meisten Fällen sind diese Leistungen der Freiwilligenagenturen noch nicht genau voneinander abgrenzbar, was an der jungen Geschichte der Agenturen liegt. In ihrer Entwicklung sind viele Agenturen noch nicht soweit, dass sie bestimmte Leitbilder verfolgen und sich in eine festgelegte Richtung entwickeln konnten (Enquete 2002, S. 310 f.).

Für die Freiwilligenagenturen bieten sich verschieden Möglichkeiten Engagementwillige in Engagements zu vermitteln. Sie können beispielsweise die Engagementwilligen in bereits bestehende Projekte anderer Organisationen vermitteln oder selbst Projekte initiieren. Die Angebote können langfristig angelegt oder nur für einen bestimmten Zeitrahmen ausgelegt sein. Bei denen durch eine Freiwilligenagentur neu vermittelten Personen liegt der Frauenanteil bei etwa 70 % und der Männeranteil bei 30 % (Enquete 2002, S. 312).

Eine immer wichtigere Rolle in der Arbeit der Freiwilligenagenturen spielen die Patenschaftsprojekte. Patenschaft bedeutet in diesem Zusammenhang, die eins zu eins Betreuung eines hilfebedürftigen Menschen durch einen engagierten Menschen. Diese

Patenschaften können in den verschiedensten Bereichen eingegangen werden, wie in der Pflege, Kinderbetreuung, und in der Jugendarbeit. Durch die Patenschaften können beide Seiten profitieren und z. B. Kinder mit einem erhöhten Förderungsbedarf besser betreut und gefördert werden. Die Engagierten erzielen einen positiven Nutzen daraus, indem sie einen sozialen Kontakt zu den zu betreuenden Personen aufbauen (Brandt 2010, S. 4 ff.). Doch trotz der vielen positiven Effekte von Patenschaftsprojekten ist festzuhalten, dass die Patenschaften keinen Ersatz für professionelle Hilfe wie Familienhilfen und sozialpädagogische Unterstützung bieten können. Auch sind diese Projekte nicht für jeden Engagierten geeignet. Hier liegt es an den Freiwilligenagenturen geeignete Freiwillige sowie geeignete Empfänger zu finden und diese anschließend aneinander zu vermitteln (Brandt 2010, S. 8 f.).

Für viele Kommunen sind die freiwillig Engagierten eine wichtige Unterstützung, da sie durch ihren unentgeltlichen Einsatz eine Entlastung für die oftmals schwierige Haushaltssituation der meisten Kommunen darstellen (Rahn 2002, S. 71 f.).

Die hessische Landesregierung hat, um das Engagement zu fördern die Kampagne „Gemeinsam-Aktiv" ins Leben gerufen. Interessierte BürgerInnen können sich über die Kampagne auf der Internetseite oder telefonisch bei einem Ansprechpartner über die Kampagne informieren. Die Kampagne „Gemeinsam-Aktiv" bietet Rat bei Fragen, die beispielsweise den Versicherungsschutz oder Fortbildungsmöglichkeiten der Freiwilligen betreffen und informiert über bereits vorhandene Angebote für diese. Um die ehrenamtliche Tätigkeit attraktiver zu gestalten, werden, initiiert durch die Kampagne, verschieden Belohnungssysteme angeboten. Ein Beispiel dafür ist die Ehrenamts-Card. Mit dieser Karte erhält man als freiwillig Engagierter, verschiedene Vergünstigungen beispielsweise für Eintrittspreise von Freibädern oder Museen. Durch die Kampagne werden Unternehmen, Stiftungen und Initiativen ausgezeichnet, welche sich durch besonderes Engagement hervorgetan haben. Des weiteren wird auf der Internetseite über Freiwilligenagenturen in Hessen informiert. Die Internetseite bietet eine Auflistung aller Freiwilligenagenturen in Hessen mit Kontaktdaten (Landesehrenamtskampagne Gemeinsam-Aktiv o.J.).

3.3 Netzwerke der Freiwilligenagenturen

Die Netzwerke der Freiwilligenagenturen sind wie die Agenturen selbst noch vergleichsweise jung. Zu den Netzwerken zählen auf Bundesebene die Bundesarbeitsgemeinschaft der Freiwilligenagenturen e.V. (bagfa) und auf Landesebene die Landesarbeitsgemeinschaften der Freiwilligenagenturen (lagfa). Zwölf der 16 Bundesländer können eine lagfa vorweisen, darunter auch Hessen. Um einem dieser Netzwerke beitreten zu können, muss die jeweilige Freiwilligenagentur bei den entsprechenden Stellen eine Mitgliedschaft beantragen (bagfa o.J.).

3.3.1 Bundesarbeitsgemeinschaft der Freiwilligenagenturen e.V.

Die bagfa wurde 1999 von VertreterInnen „lokaler Freiwilligenagenturen gegründet." (bagfa o.J.). Sie gilt als Dachverband der Freiwilligenagenturen in Deutschland, mit Sitz in Berlin. Zurzeit sind 120 Agenturen Mitglied. Auch andere Organisationen wie Unternehmen oder Privatpersonen können der bagfa beitreten. Dies ist jedoch nur in Form einer Fördermitgliedschaft möglich. Ordentliches Mitglied können nur die Agenturen werden. Zurzeit gibt es 114 ordentliche Mitglieder und sechs Fördermitglieder. Die Fördermitglieder sind das Bundesministerium für Familie, Senioren, Frauen und Jugend, das Bundesministerium des Innern, das Ministerium für Generationen, Familie, Frauen und Integration des Landes Nordrhein-Westfalen, die Robert-Bosch-Stiftung, die Stiftung Apfelbaum und die Thüringer Ehrenamtsstiftung. Der Mitgliedsbeitrag für ordentliche Mitglieder beträgt jährlich 200 Euro. Des weiteren erhält die bagfa zusätzliche finanzielle Mittel durch Spenden von Privatpersonen und Firmen. Organisiert und angemeldet ist sie als gemeinnütziger, eingetragener Verein, partei- und konfessionsunabhängig. Der Vorstand der bagfa setzt sich aus LeiterInnen und MitarbeiterInnen verschiedener Freiwilligenagenturen Deutschlands zusammen (bagfa o.J.).

Ziel der bagfa ist es, die lokalen Agenturen in ihrer Stellung als Experten und Anlaufstellen zu stärken und sie untereinander zu vernetzen. Dabei verrichtet sie bestimmte Aufgaben, um diese Ziele zu erreichen. Sie versucht den Austausch untereinander zu fördern und Fortbildungen zu ermöglichen. Zu nennen wäre zu diesem Punkt die Jahrestagung der bagfa, bei der ca. 200 Freiwilligenagenturen teilnehmen. Zusätzlich veranstaltet die bagfa regelmäßig Thementage und Workshops, bei denen bestimmte Fachthemen bearbeitet und diskutiert werden. Eine weitere Aufgabe der bagfa ist es, die Qualität der Arbeit der Freiwilligenagenturen zu fördern, indem sie ein Qualitätsmanagementsystem einführt und qualitativ hochwertige Agenturen mit dem bagfa-Siegel (Anhang 1) auszeichnet. Zudem versucht sie, Raum in der Öffentlichkeit und Anerkennung zu schaffen, damit sich die Freiwilligenagenturen besser entfalten können. Dies wird mit dem Innovationspreis unterstützt, der die Kreativität und Innovationsgedanken der Agenturen auszeichnet. Eine weitere Aufgabe der bagfa ist es, zusammen mit ihren Mitgliedern Projekte zu entwickeln, die neue Ansätze verfolgen, wie z. B. Patenschaftsprojekte. Außerdem vertritt sie die Interessen der Freiwilligenagenturen auf Bundesebene und sie tritt mit der Politik, Unternehmen, Wissenschaft und weiteren Organisationen in Dialog (bagfa o.J.).

Im Folgenden wird das Qualitätsmanagementsystem (QMS) der bagfa genauer erläutert. Das QMS soll zum einen die Arbeitsabläufe innerhalb der Freiwilligenagenturen vereinfachen und zum anderen die Arbeit der Agenturen öffentlichkeitswirksam und nachvollziehbar nach außen darstellen. Die Verleihung des bagfa-Siegels vermittelt einen positiven Eindruck, sodass sich die Agenturen eine größere Anzahl an Förderern erhoffen können (bagfa 2011, S. 6 ff.). Die beteiligten Freiwilligenagenturen berichten positiv darüber, dass sich durch die Einführung des QMS folgende Auswirkungen zeigen:

- Zielorientiertes Arbeiten wird unterstützt
- Transparenz und Strukturierung interner Arbeitsabläufe
- QMS wird zur Reflexion eigener Arbeiten genutzt
- Schwachstellen werden sichtbar → Verbesserungsmaßnahmen werden aufgezeigt
- Leichteres Einarbeiten für neue MitarbeiterInnen
- Kommunikation und Organisation mit den Freiwilligen werden verbessert
- Zeitliche Entlastung der Agenturen
- Positive Resonanz der Geldgeber

(bagfa 2011, S. 7 ff.)

Abb.8: Die sieben Kernprozesse der Freiwilligenagenturen

Kernprozesse einer Freiwilligenagentur	
Kernprozess 1	Information und Beratung von Freiwilligen
Kernprozess 2	Information und Beratung von Organisationen
Kernprozess 3	Personal- und Kompetenzentwicklung für freiwillige und berufliche Mitarbeiter/innen der Freiwilligenagentur
Kernprozess 4	Arbeitsstrukturen in der Freiwilligenagentur
Kernprozess 5	Öffentlichkeitsarbeit
Kernprozess 6	Entwicklung neuer Angebote und Projekte
Kernprozess 7	Finanzen

(Quelle: bagfa 2011, S. 8)

Auf Abbildung 8 sind die sieben Kernprozesse der Freiwilligenagenturen zu sehen. Diese Kernprozesse sind entscheidende Inhalte des QMS. Zu ihnen wurden jeweils Leitsätze, Merkmale und Qualitätsstandards definiert. Die Leitsätze sollen die Ausrichtungen und Ideen eines jeden Kernprozesses beschreiben. Sie „stehen für Teilaufgaben des jeweiligen Kernprozesses," (bagfa 2011, S. 9). Diese Teilaufgaben sind für eine qualitativ hochwertige Arbeit wichtig. Für jeden Kernprozess gibt es drei Merkmale, demnach insgesamt 21 Merkmale für alle Kernprozesse. Im nächsten Schritt werden für alle Merkmale die Qualitätsstandards definiert. Je nachdem wie gut ein Merkmal erfüllt wird, wird mit 1 - 4 Punkten bewertet. Ein Punkt besagt, dass das Merkmal teilweise erfüllt wird und vier Punkte besagen, dass das Merkmal außerordentlich gut erfüllt wird. Diese Bewertung müssen die Freiwilligenagenturen selbst durchführen und zu jedem Merkmal die entsprechenden Nachweise einreichen (bagfa 2011, S. 9 f.). Überprüft werden die Angaben von einem Gutachter der bagfa (bagfa 2011, S. 14).

Wird das bagfa-Siegel erhalten, ist es für zweieinhalb Jahre gültig und die Agentur wird dazu verpflichtet den zertifizierten Qualitätsstandard über diese Zeit hinweg aufrechtzuerhalten (bagfa o.J.). Zur Rezertifizierung müssen die dazu benötigten Unterlagen mindestens ein halbes Jahr vor dem Ablauf der Gültigkeitsdauer des Siegels eingereicht werden (bagfa 2011, S. 14). Seit dem Jahr 2005 haben bisher 57 Freiwilligenagenturen ein bagfa-Siegel erhalten (bagfa o.J.).

3.3.2 Landesarbeitsgemeinschaft der Freiwilligenagentur Hessen e.V.

Die lagfa Hessen e.V. ist eine der zwölf bestehenden lagfas in der Bundesrepublik Deutschland. Obwohl sie bereits seit über zehn Jahren besteht, ist sie erst seit 2008 als gemeinnütziger Verein eingetragen. Die lagfa Hessen e.V. versteht sich als „ein landesweites trägerübergreifendes Netzwerk," (lagfa Hessen e.V. o.J.a) in dem, Freiwilligenagenturen und andere Organisationen miteinander vernetzt und organisiert sind (lagfa Hessen e.V. o.J.a). Selbst vernetzt sind die lagfas, auch die lagfa Hessen e.V. über das bagfa-Planungsteam, welches sich einmal im Jahr trifft, um sich über Entwicklungen der Freiwilligenagenturen und des bürgerschaftlichen Engagements auszutauschen. Das Planungsteam besteht aus den VertreterInnen der lagfas und den regionalen Arbeitsgemeinschaften (bagfa 2011, S. 15). Eine der Aufgaben der lagfa Hessen e.V. die Förderung von bürgerschaftlichem Engagement. Außerdem unterstützt sie die Entwicklung neuer Agenturen in Hessen und fungiert als Kontaktstelle für neue, innovative Angebote bereits bestehender Agenturen (lagfa Hessen e.V. o.J.a).

Die lagfa Hessen e.V. beschäftigt sich mit neun verschiedenen Arbeitsfeldern:
- *Hilfen für den Start einer neuen Freiwilligenagentur* (Hinweise, Tipps, Vermittlungsgespräche und mehr)
- *Qualitätsstandards entwickeln* (Datenaufnahme, Weiterentwicklung des QMS der bagfa)
- *Qualifizierung Ehrenamtlicher* (Hilfe bei Organisation von Seminaren, Fortbildungen, Qualifizierung von Engagementlotsen)
- *Anerkennungskultur*
- *Arbeiten, die landesübergreifend stattfinden* (Fachbeiträge)
- *Öffentlichkeitsarbeit* (Pressearbeit)
- *Förderprogramme* (Beratung bei der Auswahl von Landes- und/oder EU-Förderprogramme)
- *Zusammenarbeit* (mit Verbänden, Initiativen, Vereinen, Kommunen, Politik)
- *Langfristige Etablierung* (von engagementfördernden Infrastrukturen, Vernetzung der Engagierten untereinander)

(lagfa Hessen e.V. o.J.a)

Ein neues Programm, welches die lagfa Hessen e.V. seit 2004 durchführt, ist das Engagement-Lotsen-Projekt. Dabei ist der Auftraggeber die hessische Landesregierung. Jede teilnehmende Kommune wird vom Land Hessen mit je 2.000 Euro gefördert. Ziel dieses Programms ist es, Teams von Engagement-Lotsen zu schulen, welche dann in ihrer Kommune das Engagement fördern sollen (Landesehrenamtskampagne Gemeinsam-Aktiv o.J.). Ein Team besteht immer aus mindestens drei und höchstens sechs Personen. Die Kommune hat die Aufgabe die Engagement-Lotsen in ihre Aufgaben einzuführen und die notwendigen Rahmenbedingungen zu schaffen, wie die Bereitstellung von Räumlichkeiten und Arbeitsmitteln. Qualifiziert werden die Lotsen durch die lagfa. Dies geschieht durch Veranstaltungen, welche von der lagfa, bzw. durch die von ihr beauftragten Freiwilligenagenturen, nahe der jeweiligen Kommune, durchgeführte werden (lagfa Hessen e.V.b). Die Engagement-Lotsen selbst haben die Aufgabe das bürgerschaftliche Engagement in ihrer Kommune zu fördern, wie beispielsweise durch die Motivation von BürgerInnen oder die Unterstützung von Initiativen. Die Lotsen können, im Auftrag der Kommune auch eingesetzt werden, um selbst Veranstaltungen durchzuführen. Im Jahr 2009 wurden bereits 34 Engagement-Lotsen in sieben Kommunen, ausgebildet (Landesehrenamtskampagne Gemeinsam-Aktiv o.J.).

3.4 Herausforderungen für Freiwilligenagenturen

Die Freiwilligenagenturen in Deutschland sehen sich, trotz der großen Fortschritte und der schnellen Entwicklungen, noch immer vielen Herausforderung und Problemen gegenübergestellt. Bedingt durch die junge Entstehungsgeschichte gibt es einige strukturelle Unklarheiten, an denen gearbeitet werden muss, um die Freiwilligenagenturen in Deutschland so zu etablieren, wie es z. B. in den Niederlanden bereits geschehen ist.

Wie bereits zuvor dargestellt, gibt es einen großen Anteil derer die bereit wären, sich zu engagieren. Die Freiwilligenagenturen sehen sich der Herausforderung gegenübergestellt, dieses Potenzial auszunutzen. Ein häufiger Grund dafür, dass diese Menschen noch nicht engagiert sind, ist das Fehlen von Informationen zum bürgerschaftlichen Engagement. Die Freiwilligenagenturen können diese Barriere abbauen, indem sie durch Öffentlichkeitsarbeit an die potenziell Engagementwilligen herantreten und diese informieren (Jakob/Janning 2001, S. 487 f.).

Ein weiteres Problem ist die Frage der Trägerschaften. Wie bereits in Punkt drei beschrieben, befindet sich ein Großteil der Freiwilligenagenturen in Trägerschaft eines Wohlfahrtsverbandes. Diese Tatsache erweckt den Eindruck als hätten die Wohlfahrtsverbände die Freiwilligenagenturen für sich entdeckt, um dem sinkenden Engagement bei den großen Organisationen, wie den Wohlfahrtsverbänden entgegenzuwirken. Zunächst stellt diese Tatsache kein Problem für die Freiwilligenagenturen dar. Dennoch besteht die Gefahr, dass die Freiwilligenagenturen darauf reduziert werden, für die Wohlfahrtsverbände als Dienstleister zu arbeiten und für sie die Freiräume, sich für das bürgerschaftliche Engagement einzusetzen, kleiner werden (Ebert/Hartnuß/Rahn et al 2002, S. 31 f.).

Aufgrund des Problems der oft knappen finanziellen Mittel der Freiwilligenagenturen gibt es von einigen Seiten die Forderung, die Freiwilligenagenturen mit anderen Agenturen, wie Selbsthilfekontaktstellen oder Seniorenbüros zusammenzulegen. Aus finanziellen Aspekten könnte eine Zusammenlegung sich positiv auswirken. Fachlich gesehen besteht jedoch die Gefahr, dass die Vielfältigkeit der Organisationen, die bürgerschaftliches Engagement fördern, zurückgeht. Freiwilligenagenturen und Selbsthilfekontaktstellen scheinen nur auf den ersten Blick eine große Gemeinsamkeit aufzuweisen. Wenn beide Einrichtungen jedoch getrennt voneinander betrachtet werden, fallen einige Unterschiede auf, die sich bei einer Zusammenlegung nur schwer vereinen lassen würden. Ein Beispiel dafür ist, dass die Selbsthilfekontaktellen vermehrt „auf psychosoziale Problemlagen fokussiert" (Ebert/Hartnuß/Rahn et al. 2002, S. 33) sind, wohingegen Freiwilligenagenturen ein breiter angelegtes Angebot vorweisen. Auch zwischen der Arbeit von Seniorenbüros und Freiwilligenagenturen bestehen Unterschiede. Denn Seniorenbüros vermitteln ausschließlich Senioren in Freiwilligentätigkeiten. Die Freiwilligenagenturen haben sich keiner bestimmten Altersgruppe verschrieben. Durch diese konzeptionellen Unterschiede der verschiedenen Einrichtungen würde es einen großen organisatorischen Aufwand bedeuten, wenn diese doch so verschiedenen Gebiete zusammengefügt würden. Denn nicht nur die Konzeptionen unterscheiden sich, sondern auch die Mitarbeiter sind, den Aufgaben entsprechend geschult. Fachlich gesehen wäre demnach eine Kooperation zwischen den verschiedenen Einrichtungen eine bessere Lösung, wodurch jede Einrichtung von der anderen profitieren könnte (Ebert/Hartnuß/Rahn et al. 2002, S. 32 ff.). In ländlichen Gebieten wäre darüber nachzudenken, ob aus finanzieller Sicht der Forderung nach einem Zusammenschluss nicht teilweise nachgegangen werden sollte. Ein Lösungsvorschlag wäre zumindest eine räumliche Zusammenlegung der verschiedenen Organisationen um Ressourcen zu schonen (Enquete 2002, S. 315).

Eine andere Herausforderung für die Freiwilligenagenturen ist es, fachlich geschultes Personal zur Verfügung zu haben. Denn obwohl bei der Arbeit der Freiwilligenagenturen viele freiwillig Engagierte mitarbeiten, sind auch Mitarbeiter mit einer guten fachlichen Grundlage wichtig. Diese Mitarbeiter sollten die professionelle Grundlage einer Freiwilligenagentur bilden (Ebert/Hartnuß/Rahn et al. 2002, S. 34 f.).

Besonders wichtig für die erfolgreiche Arbeit der Freiwilligenagenturen sind die Vernetzungen untereinander. Obwohl bereits 1999 die bagfa gegründet wurde und in den meisten Bundesländern eine lagfa existiert, könnte die Vernetzung noch ausgeprägter sein. Die Netzwerke sind für die Freiwilligenagenturen besonders wichtig, da sie den Dialog fördern und Öffentlichkeitsarbeit durchführen (Ebert/Hartnuß/Rahn et al. 2002, S. 35 f.).

Darüber hinaus sollten Freiwilligenagenturen bzw. die VertreterInnen der Agenturen vermehrt an politischen Entscheidungsprozessen, die das bürgerschaftliche Engagement betreffen partizipieren dürfen (Enquete 2002, S. 318).

4   Freiwilligenagentur Marburg-Biedenkopf e.V.

Die Freiwilligenagentur Marburg-Biedenkopf e.V. (FAM) wurde 2001 gegründet (FAM o.J.a, S.52). Entstanden sei sie aus einer Bürgerinitiative, die sich mit der professionellen Förderung des bürgerschaftlichen Engagements beschäftigte (Heineck 2011, Z. 6 f.) Ihre hauptamtlichen Mitarbeiter sind die Leiterin der Agentur Doris Heineck und ihre Stellvertreterin Katja Kirsch (FAM o.J.a, S. 52). Es gäbe immer zwischen sechs und acht freiwillige Mitarbeiter (Heineck 2011, Z. 23). Zwei der Freiwilligen arbeiten in der Beratung mit und einige andere führen selbstständig Projekte durch. Diese arbeiten meistens von zu Hause aus (Heineck 2011, Z. 29 - 33). Die FAM ist ein gemeinnütziger Verein, der konfessionell und parteipolitisch unabhängig arbeitet und zudem Mitglied bei der bagfa, der lagfa Hessen e.V. und des Paritätischen ist. Finanziell unterstützt wird sie von der Stadt Marburg, dem Land Hessen, von dem Paritätischen und von Sponsoren (FAM o.J.b). Außerdem trage sie das bagfa-Siegel als Qualitätsmerkmal, welches dieses Jahr wieder erneuert wurde (Heineck 2011, Z. 192). Das Siegel bzw. den Erwerb des Siegels habe für die FAM, laut Frau Heineck den Nutzen selbst

Schwachstellen zu erkennen und somit die Arbeit der FAM, Schritt für Schritt zu optimieren (Heineck 2011, Z. 196 f.). Auf die Frage, inwieweit die FAM vom Paritätischen beeinflusst werde, antwortete Frau Heineck, dass dies kaum der Fall sei, sondern dass es sich vielmehr um eine Unterstützung handele (Heineck 2011, Zeile 152). Der Paritätische biete verschiedenste Dienstleistungen für seine Mitglieder an. Kosten fallen für die FAM lediglich bei Inanspruchnahme von kostenpflichtigen Dienstleistungen an und in Form eines Mitgliedsbeitrags, der sich nach dem Jahresumsatz des jeweiligen Mitglieds richte (Heineck 2011, Z. 155 – 160). Potenzielle Freiwillige erreiche die FAM, indem sie in einem lokalen Wochenblatt, der „Marburg Extra" inseriere und eine eigene Homepage betreibe (Heineck 2011, Z. 128 f.)

Im Jahr 2008 nahmen bei der FAM 75 Menschen ein persönliches Gespräch zur Erstberatung war. Davon waren 78 % weiblich und 22 % männlich (FAM o.J.d, S. 4). Diese Zahlen ähneln sehr den bereits zuvor genannten Vermittlungsquoten von 70 % und 30 %. Das Durchschnittsalter der Beratenen beträgt 38,7 Jahre. Von den Beratenen konnten 48 Personen vermittelt werden, was einer Quote von 61,64 % entspricht (FAM o.J.d, S. 4 f.).

Die Aufgaben der FAM sind:
- Das Beraten, Vermitteln und Begleiten von Freiwilligen
- Die „Beratung von Organisation beim Einsatz Freiwilliger" (FAM o.J.b)
- „Qualifizierung von Freiwilligen" (FAM o.J.b)
- Projekte organisieren und durchführen zur Förderung von freiwilligem Engagement
- Öffentlichkeitsarbeit leisten
- Als Koordinationsstelle dienen zur Umsetzung lokaler Projektideen und Kooperationen
- „Motivation und Entscheidungshilfe bieten" (FAM o.J.a, S.10)

(FAM o.J.a, S. 10 und FAM o.J.b und FAM 2009, S. 1)

„Zu Beginn wurde sie als Vermittlungsagentur wahrgenommen, wo Leute beraten werden und dann an Organisationen vermittelt werden." (Heineck 2011, Z. 12 ff.).
Im Laufe der Zeit habe sich ein breites Spektrum an Themenangeboten entwickelt. Der Schwerpunkt liege bei der Arbeit im sozialen Bereich. Aufgrund dessen gebe es bei den

freiwillig Engagierten einen hohen Frauenanteil von 75 % - 80 %. Wie Frau Heineck mitteilte, sei es jedoch wünschenswert auch mehr Männer als Freiwillige gewinnen zu können, dass z. B. bei Besuchsdiensten in Altenheimen auch diese zur Verfügung stehen (Heineck 2011, Z. 37 - 41). Vor allem Angebote für die Unterstützung älterer Menschen sind zahlreich vorhanden. Beispiele sind die Begleitung von Heimbewohnern zum Einkaufen oder zum Gottesdienst, Besuche in einem Altenpflegeheim zum Durchführen von Gruppenangeboten oder auch das Treffen zum gemeinsamen Skatspiel im Altenhilfezentrum. Auch andere Gebiete wie Förderung von Kindern, beispielsweise in Form von Nachhilfe werden abgedeckt (FAM o.J.b). Ein großes Thema sei auch die Qualifizierung von Freiwilligen. Die FAM organisiert „Qualifizierungsprogramme mit den Freiwilligen zusammen und den Bildungsträgern", damit diese eine noch bessere Ausbildung erhalten können (Heineck 2011, Zeile 16).

4.1 Projekte der Freiwilligenagentur Marburg-Biedenkopf e.V.

Zu den in Punkt vier genannten langfristig angelegten Angeboten kommen zurzeit acht Projekte hinzu. Diese finden in dem Bereich der Schule sowie generationsübergreifend statt. Ein weiteres Projekt wie das Engagement-Lotsen-Projekt existiert bereichsübergreifend (FAM o.J.b). Drei dieser Projekte werden folgend noch weiter vorgestellt. Eines davon ist das Engagement-Lotsen-Projekt. Dieses Projekt dient als Grundlage für viele weitere, da die ausgebildeten Engagementlotsen oft selbstständig eigene Projekte betreuen wie z. B. „Jung hilft Alt" welches im Folgenden ebenfalls genauer dargestellt wird. Zusätzlich dazu wird das Projekt „Jetzt kann ich das auch" aus dem Bereich der Schule vorgestellt. Im Bereich der Schule kooperiere die FAM eng mit verschiedenen Schulen (Heineck 2011, Z. 17 f.).

4.1.1 Engagement-Lotsen-Projekt

Das Engagement-Lotsen-Projekt ist ein Teil der Kampagne des Landes Hessen „Gemeinsam-Aktiv". Seit 2004 gibt es das Projekt und es wird seitdem kontinuierlich weitergeführt. Im Jahr 2009 waren es beispielsweise 34 Engagement-Lotsen, die ausgebildet wurden. In 2011 werden in etwa 80 neue Engagement-Lotsen im ganzen Bundesland ausgebildet (Landesehrenamtskampagne Gemeinsam-Aktiv o.J.). Das Projekt wurde ins Leben gerufen, um bürgerschaftliches Engagement, vor allem im ländlichen Raum zu fördern. „Das Aufgabenspektrum [der einzelnen Engagement-Lotsen] ist sehr vielfältig und hängt stark von den örtlichen Rahmenbedingungen ab." (Landesehrenamtskampagne Gemeinsam-Aktiv o.J.).

Aufgaben der Lotsen können sein:

- BürgerInnen für freiwilliges Engagement motivieren
- Projekte initiieren und betreuen, um den Auswirkungen des demografischen Wandels entgegenzuwirken
- Die Arbeit von Vereinen und Initiativen unterstützen und begleiten
- Lokale Anerkennungskultur ausbauen, durch z. B. Veranstaltungen
- Öffentlichkeitsarbeit ausbauen

(Landesehrenamtskampagne Gemeinsam-Aktiv o.J.)

Ein Engagement-Lotse sei dann wie „eine Freiwilligenagentur auf zwei Beinen" (Heineck 2011, Z. 47).
Auch die FAM nehme an der Kampagne des Landes Hessen „Gemeinsam-Aktiv" teil. Für die Kampagne führe die FAM die Ausbildung zum Engagement-Lotsen durch. Die FAM war außerdem eine der ersten Agenturen, die das neue Engagement-Lotsen Projekt ab 2004 erprobt habe (FAM o.J.b und Heineck 2011, Z. 46). Die Leiterin Frau Heineck sei ebenfalls eine Fortbildnerin auf der Landesebene um Engagement-Lotsen auch in anderen Orten zu qualifizieren (Heineck 2011, Z. 87 f.). Die Ausbildung sei, laut Frau Heineck, mittlerweile praxisorientierter als sie es früher war. Diese Umstellung habe sich jedoch erst nach einer Evaluierung des Projektes ergeben (Heineck 2011, Z. 57 ff.). Denn für die Ausbildung scheine es wichtiger zu sein, dass die zukünftigen Engagement-Lotsen gleich „mit dem arbeiten, was vor Ort an Bedarf ist." (Heineck 2011, Z. 58 f.). Für die Ausbildung der Lotsen seien drei Einheiten festgesetzt. Die Einheiten finden jeweils freitags abends und samstags, den ganzen Tag über statt (Heineck 2011, Z. 60 f.).

Die erste Einheit befasse sich mit der Frage: Was sei überhaupt ein Engagement-Lotse? Oft haben, nach Frau Heineck, die in der Ausbildung befindlichen Engagement-Lotsen noch die Vorstellung, sie würden danach z. B. Menschen besuchen, also eine normale Freiwilligentätigkeit ausüben. An diesem ersten Wochenende werde ihnen jedoch vermittelt, dass ein Engagement-Lotse auf der Metaebene, wie eine Freiwilligenagentur tätig sei. Zudem werde gelernt, wie sich die Landschaft des bürgerschaftlichen Engagements darstelle und warum es wichtig sei, dieses zu unterstützen (Heineck 2011, Z. 63 – 69). Für das zweite Wochenende bekommen die angehenden Engagement-Lotsen eine Hausaufgabe. „Diese

Hausaufgabe lautet: Wo gibt es vor Ort Bedarf, wo gibt es Lücken, wo gibt es eine gute Struktur?" (Heineck 2011, Z. 70 f.). Frau Heineck fügte noch hinzu, dass einige Freiwillige bereits mit einer Idee für ein Projekt zu ihnen in die Ausbildung kommen. Nach der Ideenfindungsphase ginge es in der zweiten Einheit „um die Projektentwicklung und das Management." (Heineck 2011, Z. 73 f.). Die dritte Ausbildungseinheit „befasst sich mit dem Thema der Freiwilligenbegleitung [und] Freiwilligenkoordination" (Heineck 2011, Z. 78 f.). Anschließend finde „ein zentrales Abschlusswochenende in Frankfurt" (Heineck 2011, Z. 80) statt. An diesem Wochenende werden verschiedene Projekte, welche hessenweit durchgeführt werden, vorgestellt. Diese Projekte entstammen alle aus der Arbeit der Engagement-Lotsen (Heineck 2011, Z. 80 - 84).

4.1.2 Projekt im Bereich Altenhilfe „Jung hilft Alt" - Schüler bringen Senioren den Computer näher

Das Projekt „Jung hilft Alt" wird seit 2006 von der FAM angeboten. Dabei geht es darum, dass SchülerInnen älteren Menschen ab 50 Jahren den Computer näher bringen (FAM o.J.b). Die meisten der Teilnehmer seien jedoch über 60 Jahre, wie Frau Heineck mitteilte (Heineck 2011, Z. 401). „Jung hilft Alt" werde von einem Engagement-Lotsen unter Mithilfe einer weiteren Engagement-Lotsin geleitet. Der Projektleiter habe seine Engagement-Lotsen Ausbildung in der FAM gemacht, wo er „Jung hilft Alt" bei einer Veranstaltung kennengelernt habe. Bei dieser Veranstaltung wurden verschiedene Projekte aus dem Landkreis Marburg vorgestellt. Das Projekt „Jung hilft Alt" habe es zuvor bereits im Dautphetal gegeben (Heineck 2011, Z. 345 - 348). Der Engagement-Lotse habe, nachdem er sich über das Projekt informierte den Vorschlag gemacht, es „auch in Marburg umzusetzen." (Heineck 2011, Z. 348 f.).

Der Kooperationspartner dieses Projektes sei die Theodor-Heuss-Schule in Marburg, an der die Kurse im Computerraum durchgeführt werden (Heineck 2011, Z. 397). Der Engagement-Lotse habe sich „eigenständig mit der Theodor-Heuss-Schule in Verbindung" gesetzt (Heineck 2011, Z. 349 f.). Zusammen mit der stellvertretenden Schulleitung wurde anschließend erarbeitet, „wie das aussehen könnte. Verantwortlich für die Suche der SchülerInnen sei die Schulleitung gewesen (Heineck 2011, Z. 351 f.). Die SchülerInnen stammen alle aus den Klassen acht bis zehn (Heineck 2011, Z. 400). Aufgabe der FAM sei die

Gewinnung der Älteren gewesen. Um diese für das Projekt zu erreichen, werde in der Zeitung inseriert. Kurz nach dem ersten Inserat haben sich die ersten älteren Menschen bei der FAM gemeldet (Heineck 2011, Z. 398 f.). Der Umfang des Kurses betrage acht Einheiten, das bedeute acht Wochen mit jeweils einer Stunde nach der Schule, ab 14 Uhr. Die Kurse beginnen entweder nach den Osterferien, Herbstferien oder Weihnachtsferien (Heineck 2011, Z. 387 ff.).

In dem Projekt sollen PC-Kenntnisse, wie das Schreiben einer E-Mail, Internet oder Bildbearbeitung vermittelt werden. Das Projekt ist als Partnerschaftsprojekt aufgebaut, was bedeutet, dass jeder Lernende einen festen Paten hat, der ihn unterstützt und die Funktionen des Computers beibringt. Es handelt sich hierbei also um ein 1:1 Verhältnis (FAM o.J.b). So kann individuell auf die Probleme und Bedürfnisse des Einzelnen eingegangen werden (FAM o.J.b). Es finde immer ein Grundkurs und ein Fortgeschrittenenkurs statt. In dem Fortgeschrittenenkurs ginge es hauptsächlich um Bildbearbeitung am PC mit dem Programm Picasa (Heineck 2011, Z. 391 f.). Derzeit finden, nach Frau Heineck, Überlegungen statt, den Grundkurs für ein oder zwei Jahre auszusetzen. Der Grund dafür sei die sinkende Nachfrage. Dies begründe sich, laut Frau Heineck darin, dass PC-Kurse für Ältere auch von anderen Organisationen angeboten werden und viele ältere Leute sich heute bereits besser mit dem PC auskennen würden, als es noch vor einigen Jahren der Fall wäre (Heineck 2011, Z. 370 - 373 und 404 f.). Für die SchülerInnen sei ein solches Projekt ebenfalls positiv, da sie durch den Umgang mit älteren Menschen Sozialkompetenzen erwerben und Teamarbeit erlernen können (FAM o.J.b). Laut Frau Heineck habe das Projekt einen großen Nutzen für die Entstehung eines guten Miteinanders von Alt und Jung. Probleme mit der intergenerationellen Verständigung gebe es nach Frau Heineck nur selten. Die meisten Lernpartner würden gut miteinander auskommen. So stehe nicht nur die Vermittlung der reinen Computerfähigkeiten im Vordergrund, denn wie Frau Heineck mitteilt, treffen sich einige der Lernpartner auch privat, wenn es z. B. Probleme bei dem Computer des Älteren gebe (Heineck 2011, Z. 375 ff.). Frau Heineck räumt ein, dass zu Beginn „die Zuverlässigkeit der SchülerInnen" (Heineck 2011, Z. 361 f.) ein Problem dargestellt habe. Manchmal waren sie krank oder seien ohne Grund nicht zu den Terminen erschienen. Auch bei den älteren Teilnehmern bestehe die Möglichkeit, dass es zu krankheitsbedingten Ausfällen komme (Heineck 2011, Z. 393). Das Engagement der SchülerInnen wird abschließend mit einem Zertifikat der Schulen gewürdigt (FAM o.J.d, S. 12). Zu dieser Übergabe des Zertifikats habe es in früheren Jahren immer eine

Abschlussveranstaltung gegeben, bei der auch gemeinsam gegessen wurde. Diese Veranstaltung habe bei den SchülerInnen keinen großen Zuspruch gefunden. Viele seien nicht erschienen oder verließen die Veranstaltung direkt nach der Übergabe des Zertifikates (Heineck 2011, Z. 381-386). Frau Heineck meinte, so etwas müsse „man dann auch zur Kenntnis nehmen." (Heineck 2011, Z. 383 f.). Sie ist der Meinung, dass das Projekt „Jung hilft Alt" ein gutes Projekt sei, „aber auch mit seinen Schwachstellen." (Heineck 2011, Z. 379).

4.1.3 Projekt im Bereich Schule „Jetzt kann ich das auch"

Seit 2005 gibt es das Projekt „Jetzt kann ich das auch". Das Projekt wurde in Kooperation mit der Theodor-Heuss-Schule entwickelt (FAM o.J.c, S. 2). Die Theodor-Heuss-Schule ist „eine Grund-, Haupt- und Realschule mit Förderstufe" (Ackermann/Schmid 2006, S. 2). Das Projekt verfolgt das Ziel, benachteiligten Grundschulkindern eine Förderung zu bieten (FAM o.J.c, S. 9). Diese soll sich nicht nur auf die schulischen Leistungen beziehen, sondern auch auf sozialer und emotionaler Ebene stattfinden (Ackermann/Schmid 2006, S. 2), „wobei wenn die Kinder älter werden, kann auch schon mal ein Diktat geübt werden." (Heineck 2011, Z. 302). Die Zielgruppe stellen hauptsächlich SchülerInnen aus der ersten und zweiten Klasse dar, die Defizite in der Schule aufweisen. Dazu kommen vor allem Kinder aus sozial benachteiligten und Migrationsfamilien (FAM o.J.b).

Trotz ihres Engagements ist es den LehrerInnen nicht immer möglich jedes Kind individuell zu fördern. Die Voraussetzungen, unter denen die Kinder in die Grundschule eingeschult werden, können sehr unterschiedlich sein. In der Theodor-Heuss-Schule gibt es keine gesonderten Klassen, in denen auf besonders förderungsintensive Kinder eingegangen werden könnte. Genau an diesem Problem setzt das Projekt „Jetzt kann ich das auch" an. Freiwillige haben dort die Aufgabe die Kinder einmal in der Woche für je ein bis zwei Stunden zu fördern. Jedem Kind ist ein Freiwilliger zugeteilt. In der Förderungszeit sollten die Wissensdefizite im Spiel und mit Spaß aufgeholt werden und das Kind mit Erfolgserlebnissen in sich bestärkt werden (Ackermann/Schmid 2006, S. 2 f.). Laut Frau Heineck sei dieses Projekt auch dafür gegründet worden, dass die Kinder außerhalb ihrer Familie noch andere Bezugspersonen haben. Durch die kleiner werdenden sozialen Netze sei das Projekt eine gute Möglichkeit, um dem entgegenzuwirken. Die Freiwilligen seien für die Kinder das, was früher die Tante oder die Nachbarin war. So können tragfähige soziale Netze geschaffen werden (Heineck 2011, Z. 317 – 321).

Um herauszufinden ob und wo es noch strukturelle Probleme in dem Projekt gibt, wurde neun Monate nach Start des Projektes „die Professur für Schulpädagogik der Philipps-Universität Marburg" (Ackermann/Schmid 2006, S. 3) beauftragt, eine Untersuchung durchzuführen. Diese Untersuchung bezieht sich auf den Zeitraum von März 2006 bis August 2006. Dabei sollte auch untersucht werden, ob die ursprünglichen Zielvorstellungen erfüllt werden.

Die Zielvorstellungen sind:
- Vertrauensverhältnis zu dem Kind und den Eltern aufbauen
- Potenzialförderung des Kindes
- „Unterstützung beim Erlernen basaler Grundfertigkeiten" (Ackermann/Schmid 2006, S. 3)
- Erfahrungswissen durch Spiele und Alltagssituationen vermitteln
- Leistungsdefizite abbauen

(Ackermann/Schmid 2006, S. 3 f.)

Die Untersuchung schließt alle vier beteiligten Gruppen (Freiwillige, Kinder, LehrerInnen und Eltern) mit ein. Es wurden Bögen mit offenen Fragen für die Befragung der Gruppen erstellt. Der Schwerpunkt wurde dabei auf die Freiwilligen und die LehrerInnen gelegt, da deren Arbeit die Leistungen der Kinder, bezogen auf das Projekt, entscheidend beeinflusst (Ackermann/Schmid 2006, S. 4). Die Fragebögen wurden den Beteiligten LehrerInnen bereits Anfang April 2006 übergeben. Die Verantwortlichen der Untersuchung erhofften sich so einen schnellen Rückfluss der ausgefüllten Fragebögen (Ackermann/Schmid 2006, S. 5). Die Fragebögen der Kinder wurden zusammen mit der Grundschulleiterin bearbeitet, da es den Kindern teilweise Schwierigkeiten bereitete die Bögen auszufüllen. Die Freiwilligen erhielten ihre Bögen in einer der regelmäßig stattfindenden Gesprächsrunden. Die Bögen für die Eltern wurden den Kindern mit nach Hause gegeben (Ackermann/Schmid 2006, S. 5 f). Der Rücklauf der Fragebögen war groß. Von 15 verteilten Bögen wurden von den Freiwilligen elf ausgefüllt zurückgegeben (73,3 %). Bei den LehrerInnen waren es acht von neun (88,9 %). Von den Schülerfragebögen kamen alle 18 Bögen zurück. Nur bei den Elternfragebögen gab es einen geringen Rücklauf von 16,7 % (drei von 18) (Ackermann/Schmid 2006, S. 6). Der hohe Rücklauf der Kinderbögen lässt sich damit erklären, dass sie vor Ort unter Aufsicht ausgefüllt wurden. Bei dem geringen Rücklauf der Elternbögen liegt die Vermutung nahe, dass das Interesse ihrerseits, gegenüber dem Projekt, nicht besonders hoch ist (Ackermann/Schmid 2006, S. 59)

Ergebnisse Freiwillige

Bei den Motiven für das ehrenamtliche Engagement hat sich bei den Freiwilligen gezeigt, dass die Mehrheit der Befragten (72,7 %) an dem Projekt teilnehmen weil sie das Bedürfnis verspüren benachteiligten Kindern zu helfen. In den Fragebögen wurden auch die Stärken und Schwächen der Freiwilligen abgefragt. Als Stärken nannten die Freiwilligen, dass sie viel Geduld und Einfühlungsvermögen haben. Als Schwächen gaben die Freiwilligen besonders häufig an, perfektionistisch zu sein und zu wenige pädagogische Kenntnisse zu haben (Ackermann/Schmid 2006, S. 8 ff.). Die meisten der befragten Freiwilligen gaben an, bereits Erfahrungen mit Kindern zu haben. Zu 72,7 % entsprechen diese Erfahrungen der Erziehung eigener Kinder. Positiv für das Projekt ist, dass sich zehn der elf Befragten weitgehend auf die betreuende Rolle vorbereitet fühlen (Ackermann/Schmid 2006, S. 11 f.). Weiterhin fällt positiv auf, dass der Schwerpunkt der Freiwilligen in der Arbeit mit den Kindern nicht nur auf die Vertiefung des Unterrichtsstoffs zielt, sondern die Freiwilligen ein breites Spektrum in der Arbeit mit den Kindern angeben (Ackermann/Schmid 2006, S. 13 f.). Ein Problem, welches die Freiwilligen bei dem Projekt „Jetzt kann ich das auch" sehen ist, dass die zeitlichen Mittel zu knapp bemessen sind (Ackermann/Schmid 2006, S. 15). Von den Befragten sind 27,3 % der Meinung, dass die Kooperation zwischen ihnen, den Lehrkräften und der Schule gut verläuft (Ackermann/Schmid 2002, S. 17). Zur Unterstützung der Freiwilligen werden regelmäßig Supervisionen und Gesprächsrunden durchgeführt, die von der Mehrzahl der Beteiligten für sinnvoll erachtet und regelmäßig besucht werden (Ackermann/Schmid 2006, S. 24 ff.). Insgesamt lässt sich feststellen, dass die Freiwilligen mit dem Projekt „Jetzt kann ich das auch" zufrieden sind.

Ergebnisse LehrerInnen

Die meisten Lehrkräfte (acht von neun) fühlen sich über das Projekt und dessen Zielsetzung gut aufgeklärt (Ackermann/Schmid 2006, S. 30). Die Lehrkräfte wurden auch nach den Stärken und Schwächen des Projektes, gefragt. Als Stärken gaben die meisten Lehrkräfte an

(87,5 %), dass die Kinder durch das Projekt eine zusätzliche Förderung und mehr Zuwendung erhalten. Als Schwäche des Projektes wurde mehrheitlich angegeben, dass die Hospitationsphase, die Phase in der die Freiwilligen beobachtend am Unterricht in den Klassen teilnehmen, zu lange sei. (Ackermann/Schmid 2006, S. 31 f.). Die Hälfte der Befragten LehrerInnen gab eine zeitliche Mehrbelastung durch das Projekt an. 37,5 % der LehrerInnen, die eine Mehrbelastung angaben, investieren diese Zeit jedoch gerne (Ackermann/Schmid 2006, S. 35 f.). Ein Viertel der LehrerInnen bezeichnet die Arbeit mit den Freiwilligen als durchaus angenehm (Ackermann/Schmid 2006, S. 37). Von den LehrerInnen konnten 75 %, seit Beginn des Projektes, Veränderungen bei den Kindern feststellen. Sie gaben an, die Kinder seien offener, selbstbewusster und die Lernmotivation gestiegen. Eine Lehrkraft gab zu bedenken, dass einige Kinder unter dem Druck leiden könnten, für die Schule auch noch nachmittags etwas zu tun (Ackermann/Schmid 2006, S. 39). Abschließend ist festzustellen, dass sich drei Viertel der Befragten positiv über die Grundidee des Projektes "Jetzt kann ich das auch" geäußert haben (Ackermann/Schmid 2006, S. 41).

Ergebnisse SchülerInnen

In den Auswertungen ist besonders auffällig, dass ein großer Altersunterschied zwischen den teilnehmenden Kindern besteht. Obwohl das Projekt ausschließlich in Grundschulklassen von eins bis vier stattfindet, ist die älteste Schülerin 13 Jahre alt (Ackermann/Schmid 2006, S. 44). Dreizehn der befragten SchülerInnen gaben Deutschland als ihr Herkunftsland an, drei Pakistan und zwei Kinder stammen aus Afrika (Ackermann/Schmid 2006, S. 46). Besonders auffällig und positiv zu bewerten ist die Aussage von allen Kindern, dass sie sich auf das Treffen mit ihren Paten freuen (Ackermann/Schmid 2006, S. 47). Am meisten gefällt den Kindern bei diesen Treffen das Spielen, gefolgt von lesen, vorlesen und vorgelesen bekommen (Ackermann/Schmid 2006, S. 48). Weiterhin positiv zu nennen ist, dass 72,2 % der Kinder nichts an ihren Treffen bemängeln (Ackermann/Schmid 2006, S. 49). Bei der Frage, wer vorschlägt, was in der Zeit gemacht wird, antworteten 66,7 % der Kinder, dass Pate und Kind abwechselnd vorschlagen, was während der Zeit unternommen wird (Ackermann/Schmid 2006, S. 51). Passend zu der Aussage der Lehrkräfte sind 72,2 % der Kinder der Meinung, dass sich, seit sie an dem Projekt teilnehmen etwas verändert habe. Die Kinder nannten als genaue Änderung am häufigsten, dass ihnen das Rechnen und das Lesen nun mehr Spaß machen (Ackermann/Schmid 2006, S. 53 f.). Als Schlussbemerkung zu den Ergebnissen der SchülerInnen lässt sich festhalten, dass die Kinder anscheinend von dem

Projekt profitieren und die Zeit mit ihren Paten genießen (Ackermann/Schmid 2006, S. 55).

Ergebnisse Eltern

Alle Eltern, die den Fragebogen zurückgaben, waren alleinerziehende Mütter. Zwei der Mütter nannten als ihr Herkunftsland Deutschland und eine Polen. Zu Hause bei den Familien wird deutsch gesprochen und bei der polnischen Mutter zusätzlich polnisch. Ihre Kinder gehen in die erste und zweite Klasse der Theodor-Heuss-Schule (Ackermann/Schmid 2006, S. 56 f.). Die Mütter berichteten, dass ihre Kinder dem Projekt gegenüber positiv eingestellt seien und sich auf die Stunde freuen. Zwei der Mütter haben, wie zuvor die LehrerInnen und die Kinder selbst Veränderungen festgestellt. Die Kinder seien selbstständiger und motivierter geworden (Ackermann/Schmid 2006, S. 57 f.). Nur eine der drei Mütter hat Kontakt zu dem Paten (Ackermann/Schmid 2006, S. 58). Durch den geringen Rücklauf der Elternfragebögen lassen sich Rückschlüsse auf die Einstellung der Eltern zu dem Projekt ziehen. Die Mehrzahl der Eltern scheint kein größeres Interesse an dem Projekt zu haben. Diese Akzeptanz der Eltern schein gleichzeitig der größte Verbesserungsbedarf bei der Durchführung des Projekts „Jetzt kann ich das auch" zu sein (Ackermann/Schmid 2006, S. 59).

Als Problem des Projekts zeigt sich, dass auf Schulebene die Hospitationszeiten verkürzt werden sollten und ein breiterer Informationsfluss zwischen den LehrerInnen und Freiwilligen fließen, sollte. Auch könnte für die LehrerInnen ein Zeitfenster geschaffen werden, indem sie die Arbeiten, die mit dem Projekt zusammenfallen bearbeiten können. Auf Projektebene ist es wichtig, die Supervisionen und die Gruppengespräche beizubehalten, da sich diese als sinnvoll gezeigt haben. Auf der Freiwilligenebene wird eine Bereitschaft zur Konstanz als wichtig vorausgesetzt, da so die Kinder über ihre gesamte Grundschulzeit von ein und demselben Paten betreut werden könnten (Ackermann/Schmid 2006, S.60f). Vorstellbar wäre auch eine Übertragung des Projekts auf andere Schulen (Ackermann/Schmid 2006, S.62).

Laut Frau Heineck sei das Projekt „Jetzt kann ich das auch" aus heutiger Sicht ein voller Erfolg. Die anfängliche Skepsis vonseiten der Grundschullehrrinnen sei einer guten Kooperationsbereitschaft gewichen (Heineck 2011, Z. 241 - 242). Dieser Erfolg sei vor allem dadurch zustande gekommen, dass es klare Strukturen in der Aufgabenteilung der verschiedenen Akteure gegeben habe (Heineck 2011, Z. 243 - 245). Die Supervisionen, welche zu Beginn keine Pflicht waren, sich aber als sinnvoll herausgestellt haben sind heute als Pflichttermin für die Freiwilligen bindend (Heineck 2011, Z. 303 - 304). Als besonders wichtig, stellte Frau Heineck heraus, dass durch das Projekt die Freiwilligen ebenfalls etwas dazugelernt haben. Die teilweise zu Beginn bestehende Einstellung gegenüber „den Armen" oder „den Bedürftigen", welche sie betreuen, habe sich verändert. Die Freiwilligen haben angefangen das Potenzial jedes einzelnen Kindes zu sehen und die Eltern der Kinder zu respektieren (Heineck 2011, Z. 305 f.). Aus heutiger Sicht sei vor allem „die Kontinuität der Begleitung" (Heineck 2011, Z. 300) etwas Besonderes. „Zwei Freiwillige begleiten ihre Kinder noch weiter, über die Grundschulzeit hinaus." (Heineck 2011, Z. 314 f.). Obwohl das Projekt nur für die Grundschulzeit vorgesehen sei, gebe es dagegen keine Einwände. Wobei gesagt werden solle, dass die meisten Verbindungen, mit Ende der Grundschulzeit, langsam locker werden (Heineck 2011, Z. 315 f.).

Bis heute habe das Projekt, trotz des großen Erfolges bei der Theodor-Heuss-Schule nicht auf eine andere Schule übertragen werden können. Das liege laut Frau Heineck vor allem an der finanziellen Situation. Um ein solches Projekt umsetzen zu können, müssen verschiedenste Akteure finanzielle Unterstützung anbieten. Das Projekt in der Theodor-Heuss-Schule werde heute nicht mehr, wie zu Beginn von ihr vollfinanziert. Die Theodor-Heuss-Schule trage heute noch die Supervisionen, aber die Arbeit der hauptamtlichen Kraft von Frau Heineck werde nicht mehr übernommen. Sie ist deshalb der Meinung, dass ein solches langfristig angelegtes Projekt ohne stabile Finanzierung nicht noch auf eine andere Schule angewendet werden könne, ohne dass die Qualität darunter leiden würde (Heineck 2011, Z. 324 - 334).

4.2 Aktuelle Herausforderungen und Perspektiven der Freiwilligenagentur Marburg-Biedenkopf e.V.

Im Interview mit Frau Heineck wurde auch über die Schwierigkeiten, die es in der Agentur gibt, gesprochen. Eine Notwendigkeit sei, dass die FAM noch mehr in die Beratung von Organisationen investieren solle, um deren Kompetenzen in Bezug auf die Arbeit mit den Freiwilligen zu stärken (Heineck 2011, Z. 91 f.). Ein weiterer wichtiger Punkt sei, dass es immer wieder Arbeitsfelder gebe, die weniger beliebt seien als andere. In diesen Feldern werden ununterbrochen Freiwillige gesucht. Zwar sei es der FAM gelungen dort vereinzelt Leute hin zu vermitteln, jedoch sei diese Anzahl nicht groß genug, als das der Bedarf abgedeckt sei. Ein Beispiel dafür sei die Laienhelfergruppe für psychisch Kranke in Marburg. Laut Frau Heineck sei vor allem die Hemmschwelle, die viele Menschen haben, ein Hindernis sich in diesen Bereichen zu engagieren (Heineck 2011, Z. 95 - 99). Auch in den Gebieten wie Kinderhilfe oder Seniorenbetreuung gebe es Herausforderungen, die gemeistert werden müssen. Oft stellten sich die Interessenten diese Felder einfacher vor, als sie letztendlich seien. „Kinder sind nicht immer nur nett und lieb, sondern können auch laut und nervig sein." (Heineck 2011, Z. 121 f.). Wie Frau Heineck mitteilte, komme es öfter vor, dass Leute mit bestimmten Einschränkungen in die Agentur kommen. Da stelle sich dann die Frage, wohin man diese Menschen vermitteln könne, denn die Organisationen die Freiwillige suchen bräuchten Menschen, die mitarbeiten und Aufgaben übernehmen können (Heineck 2011, Z. 100 - 105). Für Frau Heineck stellen sich diese Situationen als schwierig dar, da abgewogen werden müsse, inwieweit über diese Menschen geurteilt werden dürfe (Heineck 2011, Z. 115). In einigen Fällen werde den Menschen, die in die Agentur kommen empfohlen sich noch einmal Gedanken über ihr Vorhaben zu machen und vielleicht in einiger Zeit nochmal vorstellig zu werden (Heineck 2011, Z. 116 f.). Da jedoch schlussendlich die Organisationen die letzte Entscheidung treffen, sollte nicht zu schnell ein Urteil gefällt werden (Heineck 2011, Z. 110 – 115).

Eine weitere Herausforderung für die FAM sei das Thema Engagement in Schulen. Wie bereits in Punkt 2.2.1 erläutert, ist das Feld der Schule nicht immer leicht zu erschließen. Frau Heineck hält es für am wichtigsten, dass die Lehrerschaft und ganz besonders die Schulleitung hinter den Projekten stehen, die die Freiwilligenagentur herantrage (Heineck 2011, Z. 220 ff.). Für eine Kooperation zwischen Freiwilligenagentur und Schule müssen die Rahmenbedingungen stimmen und alle Akteure bereit sein miteinander zu kooperieren. Ohne dieses Miteinander stelle es sich als schwierig heraus, Projekte in eine Schule zu tragen. „Da kann das Projekt noch so toll sein." (Heineck 2011, Z. 263).

Wichtig sei in diesem Zusammenhang die Verbesserung der Öffentlichkeitsarbeit, denn „Die Öffentlichkeitsarbeit ist noch nicht so, wie sie sein sollte." (Heineck 2011, Z. 192 f.). Zwar sei die Agentur durch das bereits zehnjährige Bestehen allgemein bekannt doch werden die Leute meistens erst auf die FAM aufmerksam, wenn sie nach einer Freiwilligenagentur suchen. Aufgrund dessen müssen, vor allem in der Stadt Marburg noch mehr Flyer und Broschüren ausgelegt werden (Heineck 2011, Z. 131 – 134). Eine ganz neue Möglichkeit der Öffentlichkeitsarbeit stelle laut Frau Heineck das soziale Netzwerk Facebook dar. Ihrer Meinung nach sei dies eine Plattform, auf der sich die FAM präsentieren könne (Heineck

2011, Z. 140).

Wie zuvor bei den Herausforderungen für Freiwilligenagenturen genannt, ist die FAM auch nicht frei von finanziellen Sorgen. „Jedes Jahr muss aufs Neue der Haushalt gesichert werden. Am Anfang des Jahres sei dieser oft noch nicht sicher." (Heineck 2011, Z. 177 f.). In den letzten drei Jahren sei die finanzielle Situation, bedingt durch ein großes Bundesprojekt, der „Freiwilligendienst aller Generationen" zwar gesichert, doch ab nächstem Jahr ändere sich das (Heineck 2011, Z. 179 f.). Die Mischfanzierung der FAM mache es noch schwieriger genügend Gelder zur Verfügung zu haben. Diese Finanzierungsform begründe sich darauf, dass „die Begründer [der FAM] der Meinung waren, dass eine Freiwilligenagentur eine gesamtgesellschaftliche Aufgabe ist." (Heineck 2011, Z. 172 f.). Die Agentur erhalte Gelder von der Stadt Marburg, dem Land Hessen sowie von Sponsoren und Mitgliedern (Heineck 2011, Z. 173 f.). Der Mitgliedsbeitrag belaufe sich für Organisationen auf 100 Euro im Jahr und für Privatmitglieder auf 50 Euro im Jahr. Alleine dadurch erhalte die Agentur jährlich über 4000 Euro. Trotz der nicht immer sicheren finanziellen Situation befürwortet Frau Heineck die Mischfinanzierung. Ihrer Meinung nach sei eine Vollfinanzierung durch den Staat „vielleicht zu leicht, denn nun ist man auch gezwungen, mehr zu agieren." (Heineck 2011, Z. 185 f.).

Ein Punkt, den Frau Heineck besonders hervorhebt ist, die unzureichende Beachtung auf der Bundesebene. Auf Bundesebene werden die Freiwilligenagenturen kaum wahrgenommen und selten erwähnt (Heineck 2011, Z. 447 f.). Frau Heineck bedauert, dass bei einigen Projekten, bei denen Freiwilligenagenturen durchaus einen Nutzen bringen könnten, diese übergangen und die Aufgaben anderweitig verteilt werden (Heineck 2011, Z. 450 – 464). Auf lokaler Ebene werde die FAM zwar von der Politik gut wahrgenommen, doch auf Bundesebene sei das noch zu wenig (Heineck 2011, Z. 466 f.). Ein Versuch auf Bundesebene mehr Öffentlichkeit zu schaffen sei, dass die bagfa die Übergabe des bagfa-Siegels dieses Jahr im BMFSJ abgehalten habe. Dies sei jedoch nur ein kleiner Schritt um die Arbeit der Freiwilligenagenturen mehr in den Fokus der Politik und Öffentlichkeit zu rücken (Heineck 2011, Z. 468 ff.).

Beim Blick in die Zukunft sei es Frau Heineck wichtig, immer den Status quo beizubehalten (Heineck 2011, Z. 408). Es gebe jedoch auch weitere Projekte, die für die Zukunft geplant seien. Eines davon sei „Gute Geschäfte". Bei diesem Projekt gehe es darum, einen Marktplatz zur Verfügung zu stellen, auf dem sich Unternehmen und gemeinnützige Organisationen austauschen können (Heineck 2011, Z. 409 ff.). Dabei gehe es nicht um Geld, „sondern darum Dienstleistungen zu tauschen" (Heineck 2011, Z. 411 f.). An anderen Orten werde dieses Projekt bereits von Freiwilligenagenturen angeboten. Für die FAM wäre es jedoch ganz neu (Heineck 2011, Z. 413 f.). Weitere Planungen für die Zukunft sehen so aus, dass vermehrt mit dem Pflegestützpunkt und der Altenhilfe kooperiert werden solle. Konkret hieße das, dass die organisierte Nachbarschaftshilfe gefördert und ausgebaut werden solle (Heineck 2011, Z. 421).

Eine sehr aktuelle und neue Herausforderung für die FAM sei die Einführung des Bundesfreiwilligendienstes (BFD). Dieser stehe, wie Frau Heineck meint, möglicherweise mit dem „Freiwilligendienst aller Generationen" in Konkurrenz (Heineck 2011, Z. 435), denn der „Freiwilligendienst aller Generationen" sei dem BFD sehr ähnlich. Im Landkreis Marburg solle der Freiwilligendienst aller Generationen vorerst weitergeführt werden, da er geholfen habe einige Projekte zu befördern und sich somit, als positiv für die Stadt und die Region herausgestellt habe (Heineck 2011, Z. 436 – 441).

5   Fazit

Bürgerschaftliches Engagement beinhaltet genauso aktive Mitgliedschaften, wie politische Wahlen (Evers 2009, S. 66). In den letzten Jahren erfährt das bürgerschaftliche Engagement einen großen Wandel. Dieser Wandel ist die zunehmende Pluralisierung (Enquete 2002, S. 109). Zu dieser Pluralisierung kommt ein Anstieg der Engagementbereitschaft hinzu, was bedeutet, dass in 2009 mehr Menschen engagementwillig waren als noch 1999. Dies verdeutlicht das Potenzial des bürgerschaftlichen Engagements (BMFSFJ 2010, S. 22). Im bürgerschaftlichen Engagement gibt es die verschiedensten Organisationsformen. Diese sind der Verein, der Verband, die Stiftung oder ein Freiwilligendienst. Zu den Freiwilligendiensten zählen unter anderem, das Freiwillige Soziale Jahr, das Freiwillige Ökologische Jahr, der Internationale Freiwilligendienst sowie neu eingeführt seit Juli 2011 der Bundesfreiwilligendienst.

Zu dem Oberbegriff des bürgerschaftlichen Engagements zählt das soziale Engagement. Unter das soziale Engagement fällt auch das Engagement in Schulen sowie in der Altenhilfe. Diese beiden Bereiche unterliegen einer stetigen Veränderung, bedingt durch veränderte Gesellschaftsstrukturen wie dem demografischen Wandel.

Ein Beitrag, der in diesen Bereichen geleistet werden kann, fällt den Freiwilligenagenturen zu. Freiwilligenagenturen dienen als Schnittstellen zwischen den Organisationen und den Freiwilligen (Enquete 2002, S. 309). Durch ihre noch junge Entstehungsgeschichte unterliegen auch die Freiwilligenagenturen einem Wandel. Sie dienen nicht nur als Ort der Vermittlung und Organisation sondern ihr Anliegen ist es auch, bürgerschaftliches Engagement in der Gesellschaft zu befördern. Um sich besser organisieren zu können, gibt es verschiedene Netzwerke, denen sie sich anschließen können. Zu diesen Netzwerken gehört die Bundesarbeitsgemeinschaft der Freiwilligenagenturen e.V. und die Landesarbeitsgemeinschaft der Freiwilligenagenturen e.V.. Die Freiwilligenagentur Marburg-Biedenkopf e.V. ist beiden Netzwerken angeschlossen. Die Agentur wird geleitet von Frau Doris Heineck und agiert hauptsächlich im Bereich des sozialen Engagements. Dazu zählen die verschiedensten Projekte. Eines davon ist das Engagement-Lotsen-Projekt, bei dem "Freiwilligenagenturen auf zwei Beinen" (Heineck 2011, Z. 47) ausgebildet werden. Das Projekt in der Altenhilfe „Jung hilft Alt" macht sich diese Engagement-Lotsen zunutze. Das Projekt im Bereich Schule „Jetzt kann ich das auch" besteht bereits seit sechs Jahren und hat gute Erfolge zu verzeichnen. Trotz der Erfolge der FAM gibt es dennoch in bestimmten Gebieten Verbesserungsbedarf. Dieser betrifft vor allem die Öffentlichkeitsarbeit.

Der Beitrag den Freiwilligenagenturen zu sozialem Engagement leisten, setzt sich vor allem aus der Information, Beratung und Vermittlung zusammen. Die meisten Agenturen, wie auch die FAM leiten eigene Projekte im Bereich des sozialen Engagements selbst in die Wege. Die Projekte stellen neben der Beratungsarbeit die sie leisten einen wichtigen Baustein auf lokaler Ebene dar.

Frau Heineck konnte in dem Interview einen guten Einblick in die Arbeit der FAM geben. Obwohl die Agentur erst seit zehn Jahren besteht, hat sie durch viele, auch langfristige Projekte einen großen Stellenwert im Feld des bürgerschaftlichen Engagements in Marburg erlangt. Ohne diese Freiwilligenagentur würde es bürgerschaftliches Engagement, vor allem soziales Engagement auch weiterhin geben, doch ist die FAM ein großer Beförderer der Freiwilligenkultur. Vor allem im Bereich des sozialen Engagements in Schulen leistet sie wichtige Arbeit, indem sie es Freiwilligen ermöglicht einen Weg in das Engagement in Schulen zu finden. Die vielen Möglichkeiten sich im Bereich der Altenhilfe über die Agentur zu engagieren tragen auch in diesem Bereich sicher zu einer besseren Lebensqualität der

Älteren bei. Oft wird durch diese Programme das intragenerationelle Miteinander gefördert.

Zu bemängeln wäre in der Arbeit der Agentur, dass sie zu wenig Öffentlichkeitsarbeit leistet. Dieses Problem wurde jedoch bereits von Frau Heineck selbst erkannt und so soll in Zukunft an diesem Problem gearbeitet werden. Durch eine gute Öffentlichkeitsarbeit kann es der Agentur gelingen noch mehr Freiwillige zu erreichen und weitere Organisationen sowie Geldgeber für sich zu gewinnen. Denn die Finanzen sind in den meisten Fällen in einer Freiwilligenagentur weitgehend ungesichert. Eingeschränkte finanzielle Mittel hindern Agenturen an ihrem Wachstum. Oft besteht eine Agentur nur aus ein bis zwei hauptamtlichen Mitarbeitern und einigen Freiwilligen. Die geringe Personaldichte schränkt auch die Handlungsmöglichkeiten ein. Diese Tatsache ist vermutlich ein Grund dafür, warum Freiwilligenagenturen in der Öffentlichkeit kaum geläufig sind.

Aus diesen Gründen ist es wichtig, Freiwilligenagenturen zu fördern. Vor allem vonseiten der Politik müssen klare Zeichen der Anerkennung kommen. Agenturen sollten auf Bundesebene mehr Beachtung finden, denn zurzeit agieren Freiwilligenagenturen auf einem eingeschränkten lokalen Gebiet.

6 Literaturverzeichnis

Ackermann, H/ Schmid, H (2006): „Jetzt kann ich das auch..." - Einzelbetreuung zur Lern- und Lebenshilfe für benachteiligte Kinder im Grundschulalter. Ein Pilotprojekt der Marburger Theodor-Heuss-Schule in Kooperation mit der Freiwilligenagentur Marburg-Biedenkopf. Bericht über die wissenschaftliche Evaluation. Erhebungs- und Berichtszeitraum: 03/2006 – 08/2006. In: http://www.freiwilligenagentur-marburg.de/Abschlussbericht%20THS%2025-08-06%20%282%29.pdf (24.07.2011)

bagfa – Bundesarbeitsgemeinschaft der Freiwilligenagenturen e.V. (Hrsg.) (2011): Qualitätsmanagement Freiwilligenagenturen. Anleitung zum Handbuch. In: http://bagfa.de/fileadmin/Materialien/QMS/2011_Informationen_QMS_Handbuch.pdf (20.07.2011)

bagfa – Bundesarbeitsgemeinschaft der Freiwilligenagenturen e.V. (Hrsg.) (o.J.): In: http://bagfa.de/index.php?id=176 (20.07.2011)

Backhaus-Maul, H/ Speck, K (2011): Freiwilligenagenturen in Deutschland. Potenziale auf kommunaler Ebene. NDV 91. Jahrgang: 302 - 308

BBE – Bundesnetzwerk Bürgerschaftliches Engagement (Hrsg.) (o.J.): Berlin. In: http://freiwilligendienste.de/index.php?ctent=formen (13.06.2011)

BGB – Bürgerliches Gesetzbuch (1896 oder 2011??): Buch 1. Titel 2. §21 - §79

BMFSFJ – Bundesministerium für Familie, Senioren, Frauen und Jugend (Hrsg.) (o.J.): BFD. Der Bundesfreiwilligendienst. Berlin. In: http://www.bundesfreiwilligendienst.de/index.html (13.06.2011)

BMFSFJ – Bundesministerium für Familie, Senioren, Frauen und Jugend (Hrsg.) (2010): Monitor Engagement. Freiwilliges Engagement in Deutschland 1999 – 2004 – 2009. Kurzbericht des 3. Freiwilligensurveys. Ergebnisse zur repräsentativen Trenderhebung zu Ehrenamt, Freiwilligenarbeit und bürgerschaftlichem Engagement. 2.Auflage. Berlin: Silber Druck oHG

BMJ – Bundesministerium der Justiz (Hrsg.) (2011): Bürgerliches Gesetzbuch (BGB). In: http://www.gesetze-im-internet.de/bgb/BJNR001950896.html (19.08.2011)

Brandt, A (2010): Patenschaftsprojekte – ein Modell für Freiwilligenagenturen?. Berlin: Bundesarbeitsgemeinschaft der Freiwilligenagenturen (bagfa) e.V. (Hrsg.)

Deutscher Bundestag (Hrsg.) (o.J.): In: http://www.bundestag.de/dokumente/parlamentsarchiv/sachgeb/lobbyliste/index.html (12.06.2011)

Deutscher Bundestag (Hrsg.) (2011): Ständig aktualisierte Fassung der öffentlichen Liste über die Registrierung von Verbänden und deren Vertretern. Stand:15.07.2011 In: http://www.bundestag.de/dokumente/parlamentsarchiv/sachgeb/lobbyliste/lobbylisteaktuell.pdf (26.07.2011)

Deutsches Stiftungszentrum GmbH (Hrsg.) (o.J.): Essen. In: http://www.deutsches-stiftungszentrum.de/index.html (12.06.2011)

Dudenredaktion (2011): Duden. Das Fremdwörterbuch Band 5. 10.Auflage. Mannheim, Zürich: Dudenverlag

Ebert, O/ Hartnuß, B/ Rahn, E et al. (2002): Freiwilligenagenturen in Deutschland. Ergebnisse einer Erhebung der Bundesarbeitsgemeinschaft der Freiwilligenagenturen (bagfa). Band 227. Berlin: W. Kohlhammer GmbH

Enquete-Kommission „Zukunft des Bürgerschaftlichen Engagements" Deutscher Bundestag (2002): Bürgerschaftliches Engagement: auf dem Weg in eine zukunftsfähige Bürgergesellschaft. Bericht. Band 4. Opladen: Leske + Budrich

Evers, A. (2009): Bürgerschaftliches Engagement. Versuch, einem Allerweltsbegriff wieder Bedeutung zu geben. In: Bode, I., Evers, A., Klein A. (Hrsg.): Bürgergesellschaft als Projekt. Eine Bestandsaufnahme zu Entwicklung und Förderung zivilgesellschaftlicher Potenziale in Deutschland. 1. Auflage. Wiesbaden: Verlag für Sozialwissenschaften, S.66-79

FAM – Freiwilligenagentur Marburg-Biedenkopf e.V. (Hrsg.) (o.J.)a: Freiwilligenagentur Marburg-Biedenkopf. 10 Jahre. Marburg

FAM – Freiwilligenagentur Marburg-Biedenkopf e.V. (Hrsg.) (o.J.)b: In: http://wp10596784.vwp6264.webpack.hosteurope.de/index.php?article_id=1 (24.07.2011)

FAM – Freiwilligenagentur Marburg-Biedenkopf e.V. (Hrsg.) (o.J.)c: Geschäftsbericht 2007. In: http://freiwilligenagentur-marburg.de/pdf/geschaeftsbericht2007.pdf (24.07.2011)

FAM – Freiwilligenagentur Marburg-Biedenkopf e.V. (Hrsg.) (o.J.)d: Geschäftsbericht 2008. In: http://freiwilligenagentur-marburg.de/pdf/fambericht08.pdf (24.07.2011)

FAM – Freiwilligenagentur Marburg-Biedenkopf e.V. (Hrsg.) (2009): Freiwilligenagentur Marburg-Biedenkopf e.V..Leitbild. In: http://freiwilligenagentur-marburg.de/pdf/leitbild.pdf (24.07.2011)

Gensicke T/ Klages H (1998): Bürgerschaftliches Engagement 1997. In: Meulemann H (Hrsg.): Werte und nationale Identität im vereinten Deutschland. Erklärungsansatz der Umfrageforschung. Opladen: Leske + Budrich, S. 177 - 193

Happes, W (2003): Vereinsstatistik 2003. In: http://www.registeronline.de/vereinsstatistik/2003/ (26.07.2011)

Happes, W (2005): Vereinsstatistik 2005. In: http://www.registeronline.de/vereinsstatistik/2005/ (26.07.2011)

Happes, W (2008): Vereinsstatistik 2008. In: http://www.registeronline.de/vereinsstatistik/2008/ (26.07.2011)

Herrmann, U/ Happes, W (2001): Vereinsstatistik 2001. In: http://www.registeronline.de/vereinsstatistik/2001/ (26.07.2011)

Heineck, D (2011): Interview mit Doris Heineck, Leiterin der Freiwilligenagentur Marburg-Biedenkopf e.V. 09.08.2011, Marburg

Jakob, G/Janning, H (2001): Freiwilligenagenturen als Teil einer lokalen Infrastruktur für Bürgerengagement. In: Heinze, R G/Olk, T (Hrsg.): Bürgerengagement in Deutschland -Bestandsaufnahme und Perspektiven-. Opladen: Leske+Budrich, S.483-508

Janning, H/Placke, G (2002): Freiwilligenagenturen. In: Koch, R (Hrsg.): Die Zukunft der Bürgergesellschaft: Ehrenamt: Neue Ideen und Projekte. München: Olzog Verlag GmbH, S.62-70

Karl Kübel Stiftung für Kind und Familie (Hrsg.) (o.J.): In: http://www.kkstiftung.de/13-0-Startseite.html (19.07.2011)

lagfa Hessen e.V. - Landesarbeitsgemeinschaft der Freiwilligenagenturen in Hessen e.V.

(Hrsg.) (o.J.)a: In: http://www.lagfa-hessen.de/ (21.07.2011)

lagfa Hessen e.V. - Landesarbeitsgemeinschaft der Freiwilligenagenturen in Hessen e.V. (Hrsg.) (o.J.)b: Engagement-Lotsen Programm 2010/2011 der Hessischen Landesregierung. In: http://www.lagfa-hessen.de/images/stories/engagementlotsen/programm%20engagement-lotse%202010%202011.pdf (21.07.2011)

Landesehrenamtskampagne Gemeinsam-Aktiv (Hrsg.) (o.J.): „Gemeinsam-Aktiv" die Ehrenamtskampagne der hessischen Landesregierung. In: http://www.stiftung-hessen.de/dynasite.cfm?dsmid=5224 (18.08.2011)

Rahn, E (2002): Freiwilligenagenturen – Ein wichtiger Baustein zur Förderung des Bürgerengagements -. In: Koch, R (Hrsg.): Die Zukunft der Bürgergesellschaft: Ehrenamt: Neue Ideen und Projekte. München: Olzog Verlag GmbH, S.71-81

Rauschenbach, T/Müller, S/ Otto, U (1992): Vom öffentlichen und privaten Nutzen des sozialen Ehrenamts. In: Rauschenbach, T/Müller, S (Hrsg.): Das soziale Ehrenamt: nützliche Arbeit zum Nulltarif. Weinheim u.a.: Juventa, S.223-242

Schlaugat, S (2010): Soziales Ehrenamt. Motive sozialer Tätigkeiten unter Berücksichtigung der Hypothese einer bestehenden eigenen Betroffenheit als Auswahlkriterium in Bezug auf das Tätigkeitsfeld. Bonn. Dissertation

Verein „Für soziales Leben e.V." (Hrsg.) (o.J.): Ludingausen. In: http://www.bundes-freiwilligendienst.de/ (13.06.2011)

Zierau, J (2001): Genderperspektive - Freiwilligenarbeit, ehrenamtliche Tätigkeit und bürgerschaftliches Engagement bei Männern und Frauen. In: Rosenbladt, B (Hrsg.): Freiwilliges Engagement in Deutschland -Freiwilligensurvey 1999-. Ergebnisse der Repräsentativerhebung zu Ehrenamt, Freiwilligenarbeit und bürgerschaftlichem Engagement. Band 1. 2. Auflage. Stuttgart, Berlin, Köln: Kolhammer, S.136-145

7   Anhang

Anhang 1: bagfa-Siegel

(Quelle: bagfa o.J.)

Interview mit Doris Heineck, Leiterin der Freiwilligenagentur Marburg-Biedenkopf e.V. 09.08.2011, Marburg

<u>Was können Sie über die Agentur erzählen, wie arbeiten Sie, wer kommt zu Ihnen?</u>
Ganz allgemein, die Freiwilligenagentur Marburg-Biedenkopf gibt es seit 10 Jahren und ist aus einer Bürgerinitiative entstanden, die sich mit dem Thema beschäftigt, hat, ob es wichtig ist, das bürgerschaftliche Engagement professionell zu unterstützen. Man könnte ja sagen, es weiß doch jeder, wo er hinzugehen hat, aber es hat sich gezeigt, dass durch die Veränderungen in der Zunahme der Mobilität usw. es doch einfach gut ist, dass die Menschen einen Ort haben, wo sie hinkommen, können über solche Dinge und eine Palette zur Verfügung haben und dann entscheiden können, wo sie hingehen möchten. Das ist ein Punkt, es gibt auch noch andere. So entstand die Agentur. Zu Beginn wurde sie als Vermittlungsagentur wahrgenommen, wo Leute kommen und beraten werden und dann an Organisationen vermittelt werden. Am Anfang war das auch die Hauptaufgabe der FAM. Im Laufe der 10 Jahre haben wir uns aber weiterentwickelt und qualifizieren Freiwillige. Das ist ein großes Thema. Wir machen Qualifizierungsprogramme mit den Freiwilligen zusammen und den Bildungsträgern hier vor Ort. Es werden auch Projekte initiiert, die zum Teil an uns herangetragen werden. Da kooperieren wir sehr eng zusammen mit Schulen, zu verschiedenen Themen. Aber auch in anderen Feldern. Zuerst war ich (Doris Heineck) zusammen mit dem Vorstand. Der Vorstand

ist ehrenamtlich und ich hauptamtlich. Es gibt in größeren Städten wenige Freiwilligenagenturen, die ehrenamtlich geführt werden. Das Ziel ist jedoch immer mit ehrenamtlichen gemeinsam umzusetzen. Jetzt arbeitet in der FAM auch ein Team von Freiwilligen mit. Mittlerweile gibt es zwei Hauptamtliche und sechs bis acht Freiwillige. Diese beraten und führen auch Projekte durch und helfen im Büro mit. Das war auch das Ziel, eine Mischung hinzubekommen.

<u>Kommen die ehrenamtlichen Mitarbeiter regelmäßig und haben sie feste Zeiten an denen sie kommen?</u>
Ja, also es ist unterschiedlich. Es gibt zum einen Freiwillige die hier im Büro mitarbeiten und die kommen dann regelmäßig einmal in der Woche und wir haben auch Freiwillige die Projekte durchführen. Diese Freiwilligen sind natürlich unabhängiger und flexibler aber investieren zum Teil auch unheimlich viel Zeit, mit einem hohen Engagement. Es gibt auch noch zwei Freiwillige, die in der Beratung mitarbeiten.

<u>Zeichnet sich bei den Mitarbeitern eine Besonderheit ab, dass es beispielsweise hauptsächlich Frauen sind?</u>
Da wir mehr im sozialen Bereich tätig sind, haben wir zu 75 % – 80 % Frauen. Obwohl gesagt wird, dass das Engagement der Männer nach wie vor höher ist als bei Frauen. Das liegt natürlich auch an den Sportvereinen und Rettungsdiensten, wo es einen hohen Männeranteil gibt. Im sozialen Bereich wäre es jedoch wünschenswert auch mehr Männer zu haben, das wäre auch nicht schlecht. Zum Beispiel beim Seniorenbesuch. Da haben wir aber immer nur vereinzelt Männer, die dann sehr gefragt sind.

<u>Was sind Engagement-Lotsen, wie funktioniert die Ausbildung und welche Aufgaben übernehmen sie?</u>
Engagement-Lotsen war ein Pilotprojekt das 2004 gestartet wurde, vom Land Hessen mit dem Ziel Freiwillige zu gewinnen die so eine Freiwilligenagentur auf zwei Beinen sind. Gerade in kleineren Kommunen ist das interessant, weil da das Modell mit einer hauptamtlichen Stelle oft nicht realisierbar ist und der Bedarf geringer ist. Je größer eine Stadt, desto mehr ist die Koordinationsarbeit erforderlich und auch im Hintergrund jemanden konstant dabeizuhaben. In kleineren Orten ist es ausreichend, wenn jemand einmal oder zweimal die Woche fünf Stunden irgendwo aktiv ist, kann das auch ausreichen. Die ländlichen Kommunen sind die

Hauptansprechpartner dafür. Es sollen Leute gewonnen werden, die bereit sind, so eine Ausbildung mitzumachen. Engagement-Lotsen, die auch beraten und vermitteln aber vielleicht auch behilflich sind bei der Entwicklung und Umsetzung von Projekten. Sie könnten vielleicht auch Vereine unterstützen, in der Beratung, rechtlichen Fragen oder auch andere Ideen reinbringen. Diese Ausbildung umfasst mittlerweile eine sehr praxisorientierte Ausbildung. Das hat sich aber auch erst so ergeben, nach Evaluierungen. Nicht so viel Theorie machen in der Ausbildung sondern mit dem arbeiten, was vor Ort an Bedarf ist. Es gibt deshalb auch drei Einheiten, das heißt drei Wochenenden mit verschiedenen Schwerpunkten. Eine Einheit geht Freitag Abend und Samstag den ganzen Tag.

Der erste ist: Was ist das ein Engagement-Lotse, was ist das für eine Rolle, die ich da übernehme. Manche haben da nämlich auch die Vorstellung, dass man jemanden besucht. Das ist aber kein Engagement-Lotse. Ein Engagement-Lotse hat diese Metaebene, wie eine Freiwilligenagentur der mit initiiert und anstößt. Jemand der nur eine Person besucht ist eher ein normaler Freiwilliger. Da sind erstmal allgemein die Themen wichtig von der Landschaft des bürgerschaftlichen Engagements. Was verändert sich in diesem Feld. Warum ist es wichtig, hier von außen zu unterstützen.

Das zweite Wochenende: Sie bekommen bis zu diesem Wochenende eine Hausaufgabe. Diese lautet: Wo ist vor Ort der Bedarf, wo gibt es Lücken, wo gibt es eine gute Struktur. Es soll überlegt werden was können vor Ort für Projekte umgesetzt werden. Manche bringen aber auch schon Ideen mit, die sie vorhaben und andere entwickeln das dann. Dann geht es um die Projektentwicklung und das Management.

Das dritte Wochenende: Das befasst sich mit dem Thema der Freiwilligenbegleitung, Freiwilligenkoordination, denn das ist sehr wichtig, wenn man in dem Bereich tätig ist. Die Themen sind alle sehr umfassend und man merkt immer es könnte noch mehr sein aber wir müssen einen Weg finden, die Leute zu gewinnen und nicht zu überfordern. Sie sollen das was sie suchen auch finden.

Zum Schluss gibt es ein zentrales Abschlusswochenende in Frankfurt, wo auch die verschiedenen Projekte vorgestellt werden. Die Projekte finden dann hessenweit statt, von den Lotsen, die in den verschiedenen Kommunen ausgebildet wurden. So konnte dann auch nochmal so ein Austausch organisiert werden.

In Marburg hatten wir das auch mal begonnen wir hatten dann auch acht bis zehn Leute, die diese Ausbildung mitgemacht hatten und dann auch tätig waren. Einige haben jetzt nach sechs Jahren auch offiziell gesagt, dass sie in dem Feld aufhören möchten. Ich (Doris Heineck) ist als Fortbildnerin auf Landesebene tätig um andere in anderen Orten zu qualifizieren.

<u>Sehen Sie irgendwelche Probleme die Sie in Ihrer Agentur haben?</u>

Es muss noch mehr in die Beratung von Organisationen investiert werden. Das kommt zu kurz, weil der Alltag so voll ist. Je besser Organisationen aufgestellt sind, desto eher werden Freiwillige auch dorthin kommen und bleiben. Deshalb müssten wir dort noch mehr Zeit investieren.

Es gibt Felder, in denen Freiwillige gerne aktiv werden, und Felder in denen sie nicht so gerne aktiv werden. Ein Beispiel ist eine Laienhelfergruppe für psychisch Kranke, die es bereist seit vielen Jahren in Marburg gibt. Die ist immer wieder dankbar für Freiwillige. Es wurden bereits vereinzelt Freiwillige dorthin vermittelt, der Bedarf ist aber noch größer. Bei diesem Feld haben Leute oft Hemmschwellen. Kinder, Senioren und Büroarbeiten sind sehr beliebt oder auch im Kaffee mitzuarbeiten. Es gibt außerdem oft Leute die Einschränkungen haben, was zunächst nicht schlimm ist aber die Frage ist dann wo kann man sie hin vermitteln, vor allem, auch wenn diese Leute psychisch krank sind. Mit den Organisationen muss dahingehend gut kommuniziert werden, denn die Organisationen können auch nicht noch mehr betreuen, sie brauchen Freiwillige die auch mitarbeiten und Aufgaben übernehmen können. Diese Themen sind auch in der Beratung schwierig denn man muss überlegen, wie offen man das mit ihnen besprechen kann. Wo sind die Grenzen, was dürfen wir als Beratende und was muss dann auch die Organisation selbst entscheiden. Nicht jeder Freiwillige passt dann auch.

<u>Gab es schon mal den Fall, dass Sie jemanden ablehnen mussten?</u>

Eigentlich sind wir eine Organisation die an eine Organisation weitervermittelt, von daher ist nicht unsere Entscheidung die letzte Entscheidung. Es gab aber schon Fälle, bei denen wir der Organisation gesagt haben, dass wir es nicht wissen, ob das passt und dass sie sich die Person erstmal anschauen sollen. Bei manchen ist man in der Vermittlung unsicher, wobei man als Beratender auch vorsichtig sein muss, dass man nicht zu schnell ein Urteil fällt. Den Eindruck, den man hat, sollte man jedoch auch weitergeben, ohne vorzugreifen. Wir haben auch schon mal hier in der Agentur gesagt, dass die Leute vielleicht nochmal warten sollten und dann nochmal in einiger Zeit kommen sollten. Das sind keine einfachen Beratungsgespräche. Diese

Leute haben es oft schwierig Fuß zu fassen. Sie sehen das dann als eine der wenigen Chancen die sie haben. Wir stehen natürlich auch den Organisationen gegenüber in der Pflicht. Auch bei Kindern zum Beispiel muss man deutlich machen, dass diese Arbeit nicht immer einfach ist. Kinder sind nicht immer nur nett und lieb, sondern können auch laut und nervig sein. Bei manchen Leuten merkt man dann auch, dass sie sich Arbeiten gar nicht so vorgestellt hatten. Manchmal muss man das alles mal deutlich machen.

<u>Wie erreichen Sie die Menschen, die zu Ihnen kommen? Spricht sich das rum oder machen Sie auch Werbung?</u>
Die Homepage ist eine unserer Plattformen und zum anderen haben wir die Möglichkeit in einem Wochenblatt, der „Marburg Extra" jede Woche zu inserieren. Aber die Öffentlichkeitsarbeit ist auch ein Punkt, den wir verbessern müssen. Durch allgemeine Öffentlichkeitsarbeit und das mittlerweile zehnjährige Bestehen sind wir auch allgemeiner bekannt. Es gibt jedoch auch immer wieder Leute, die sagen, dass sie von uns noch nie was gehört haben. Oft liegt das auch daran, dass Leute auf uns erst aufmerksam werden, wenn sie danach suchen. Trotzdem müssen wir das verbessern und auch mehr wieder Flyer und Broschüren auslegen. Das machen wir kaum. In der Uni hatten wir mal jemanden, der dort verstärkt Plakate aufgehängt hat. Daraufhin kamen dann auch gleich verstärkt Leute in unsere Agentur. Öffentlichkeitsarbeit ist immer ein ganz wichtiger Punkt, bei dem wir noch besser werden müssen. In der OP (Oberhessische Presse) sind wir oft und „Marburg Extra" ermöglicht und auch diese permanente Präsenz, doch das schaut sich ja auch nicht jeder an. Zum Beispiel in Facebook sind wir nicht drin. Da merke ich, dass es nicht mein Terrain ist, da müssten wir jemanden haben der das gut bearbeiten könnte. Da müssen wir junge Personen gewinnen.

<u>Die FAM ist Mitglied im Paritätischen. Werden Sie von deren Seite unterstützt oder anderweitig beeinflusst?</u>
Am Anfang wurden Freiwilligenagenturen nicht als gemeinnützig anerkannt, da waren wir auch nicht Mitglied im Paritätischen. Erst als wir die Gemeinnützigkeit erlangt haben. Auf Bundesebene wurde auch gesagt, dass Freiwilligenagenturen nicht als gemeinnützig gelten, nur, weil sie nicht unmittelbar tätig werden. Wobei es auch Projekte gibt, bei denen wir unmittelbar tätig werden. Daraufhin wurde das geändert und jetzt sind wir gemeinnützig. Dann konnten wir auch Mitglied werden, im Paritätischen.

Der Paritätische hat uns schon unterstützt, wir haben über ihn z. B. auch schon Projektmittel erhalten, da gibt es immer mal wieder so Ausschreibungen. Da hatten wir mal ein größeres Projekt, wo wir 5000 Euro erhalten haben. Jetzt haben wir gerade wieder ein Projekt eingereicht, wo wir wieder 5000 Euro erhalten werden. Man kann auch Beratungsleistungen in Anspruch nehmen zu rechtlichen oder steuerlichen Fragen, das haben wir auch schon gemacht. Man könnte wohl noch mehr diese Dienstleistungen in Anspruch nehmen. Wobei es auch bestimmte Dienstleistungen gibt, die vom Paritätischen verkauft werden, diese haben wir auch schon in Anspruch genommen. Wir müssen auch einen Mitgliedbeitrag bezahlen, welcher vom Jahresumsatz abhängig ist.

<u>Weiteren Einfluss hat der Paritätische sonst auf Sie nicht, dass er z. B. über Sie bestimmen könnte?</u>
Nein das nicht. Wir werden aber versorgt. Es gibt beim Paritätischen jemanden der für die Freiwilligenagenturen zuständig ist. Es gibt einige Freiwilligenagenturen in Hessen, die dort Mitglied sind. Der versorgt uns dann immer mit aktuellen Informationen. Sonst geht es eher um Kooperationen in bestimmten Bereichen. Also eher ein Miteinander.

<u>Wie sieht es mit der finanziellen Situation ihrer Agentur aus, da es in vielen Agenturen in diesem Bereich oft Probleme gibt?</u>
Bei uns gab es auch Schwierigkeiten. Von Anfang an gab es eine Mischfinanzierung, da die Begründer der Meinung waren, dass eine Freiwilligenagentur eine gesamtgesellschaftliche Aufgabe ist. Alle Akteure, wie die Kommune und das Land Hessen sowie Sponsoren und Mitglieder finanzieren die FAM. Bis heute ist das so. Die Stadt Marburg gibt einen größeren Zuschuss und der Landkreis finanziert ab nächstem Jahr ein großes Projekt mit. Die Mitgliedsbeiträge finanzieren die Agentur und vom Land Hessen wird die Koordinationsarbeit unserer Agentur für das Qualifizierungsprogramm übernommen. Jedes Jahr muss aufs Neue der Haushalt gesichert werden. Am Anfang des Jahres ist dieser oft noch nicht sicher. In den letzten drei Jahren hatten wir ein großes Bundesprojekt, der „Freiwilligendienst aller Generationen". Deshalb hatten wir in den letzten drei Jahren eine gute finanzielle Ausstattung. Das wird sich aber ab dem nächsten Jahr wieder verändern. So müssen wir schauen, wie wir das Geld, das wegfällt wieder reinbekommen. Der Landkreis hat einen Teil der Kosten übernommen, weil er sagte, dass es gut laufe und das Projekt so weitergeführt werden solle. Es ist jedoch immer noch eine Lücke da. Eine Vollfinanzierung über den Staat wollten die

Akteure nicht und ich (Doris Heineck) finde das auch richtig. So wäre es vielleicht zu leicht, denn nun ist man auch gezwungen, mehr zu agieren. Mitgliedsbeiträge haben wir über 4000 Euro. Die Organisationen bezahlen 100 Euro im Jahr und die Privatmitglieder 50 Euro. Es muss auch weiter um Mitglieder geworben werden. Es ist immer ein Kampf.

<u>Das bagfa-Siegel ist nicht auf der Homepage zu finden, warum? Welchen Nutzen hat das Siegle für Sie?</u>
Gut zu wissen. Wir haben das Siegel gerade wieder erneuert. Die Öffentlichkeitsarbeit ist noch nicht so, wie sie sein sollte. Wir machen eigentlich schon viel aber sollten noch mehr machen, uns mehr nach außen hin präsentieren. Das wir das Qualitätssiegel wieder erlangt haben muss auch auf die Homepage.
Das Siegel haben wir, weil es ein internes Siegel ist, welches sehr auf die Bedürfnisse und Belange der Freiwilligenagenturen abgestimmt ist. Als Instrument ist das Siegel genau richtig um die Arbeit zu überprüfen und zu zeigen, wo noch Schwachstellen sind. Das ist auch der Grund, warum wir teilnehmen. Wir müssen nicht die Bestnoten erhalten sondern wir wollen mit der Hilfe des Qualitätsmanagements unsere Arbeit verbessern. Einige Punkte haben wir aufgriffen, wie ein Informationsblatt für Freiwillige. Die Datenpflege wurde verbessert, die muss auch noch besser werden. Solche Dinge sind sehr hilfreich. Die Zusammenarbeit im Team hat sich auch verbessert. Es werden jetzt Protokolle bei der Mitarbeiterbesprechung geführt. Früher hatten wir auch keine regelmäßigen Mitarbeiterbesprechungen. Das hat sich aber auch alles entwickelt, weil die FAM größer geworden ist. So was wird aber auch beim Siegel abgefragt, ob es Mitarbeiterbesprechungen oder Protokolle gibt, dadurch wird es klarer und transparenter. Uns hat das viel geholfen aber der Aufwand und Nutzen muss immer im Gleichgewicht stehen. Diesesmal war es ein großer bürokratischer Aufwand. Diesesmal waren von außen auch Auditoren da, die sich alles angesehen haben und mit uns Gespräche geführt haben, das war auch nochmal ein höherer Aufwand.

<u>Wie viel kostet das bagfa-Siegel?</u>
Ich glaube 300 Euro haben wir das letzte Mal gezahlt. Ist also nicht so teuer und im Rahmen von dem, wo man sagen kann, das kann man sich gut leisten. Die machen auch immer noch Einsteigerworkshops oder Fortgeschrittenenworkshops, da muss man dann auch nochmal bezahlen. Die haben wir bis jetzt aber noch nicht besucht, weil wir die Zeit dazu nicht hatten.

<u>In Schulen gibt es oft Barrieren, dass Schulen sich verschließen und es privat sehr schwirig ist, sich dort zu engagieren. Wie sehen Sie sich dort in diesem Bereich?</u>

Wir haben mittlerweile mit vier oder fünf Schulen in verschiedener Form kooperiert und es ist immer entscheidend, ob wir in der Schule einen Ansprechpartner haben, der sich dieser Sache widmet und auch Zeit investiert. Die Chemie muss stimmen und es muss jemand gegenüber sein der das möchte und engagiert ist. So haben wir es dann auch geschafft, in den Schulen Fuß zu fassen. Wir hatten aber auch schon Situationen, wo wir ein Projekt in der Schule vorgestellt hatten und gemerkt haben, dass kein Interesse da ist. So hat das aber keinen Sinn. Am besten sollte natürlich die Leitung engagiert sein und die Sache zur Chefsache machen und das dann auch weitertragen. Man braucht viel Überzeugungsarbeit. Ein Schulprojekt haben wir im Dautphetal (Kreis Marburg) begonnen. Da wurden wir angesprochen, ob wir das mit koordinieren würden. Es ging darum, Schüler zu motivieren außerhalb der Schule freiwillig aktiv zu werden. Ich hatte damals den Auftrag vom Vorstand und war damals vor Ort und habe den Leiter der Schule kennengelernt und auch die anderen Kooperationspartner und dachte es könnte was werden. Das Projekt läuft bis heute, aber nicht mehr mit uns, wir sind nach drei Jahren ausgestiegen, weil wir da jemanden vor Ort gewonnen haben. Es war der richtige Rahmen. Bei Schulen bin ich der Meinung, das einzelne kaum eine Chance haben Fuß zu fassen. Es ist so komplex. Die Freiwilligenagentur ist dann ein Partner die den Weg freimachen, sodass der Freiwillige nur noch seine Aufgabe übernehmen muss. Manchmal gibt es das auch, dass Leute hochmotiviert sind, aber nach einem viertel Jahr wegbleiben, weil sie sich nicht wahrgenommen fühlen.

Ein großes Projekt haben wir „Jetzt kann ich das auch" mit der Theodor-Heuss-Schule, dort sind wir bereits seit sechs Jahren. Am Anfang war das nicht einfach. Damals stand jedoch auch schon die Leitung voll motiviert dahinter. Die Lehrerinnen waren am Anfang noch skeptisch. Mittlerweile haben auch die Grundschullehrerinnen den Wert des Projektes erkannt. Es gibt aber auch eine klare Struktur, wer welche Aufgabe übernimmt. Das ist ganz wichtig. Es sollen nicht immer mehr Aufgaben von der Schule übernommen werden sondern es muss Grenzen geben, was Schule und was Freiwilligenagentur ist. Die Freiwilligen bekommen von uns auch Gesprächsrunden und Supervisionen im Hintergrund. Wenn sie unzufrieden sind, haben sie dann ein Forum, wo sie das loswerden können. Das ist ganz wichtig. Sonst würde sich schnell Frust aufbauen. So haben wir eine Struktur gefunden, dass Freiwillige dabei bleiben und motiviert bleiben. Es gibt dann auch mal Leute, die nach zwei oder drei Jahren aufhören, wir haben aber auch manche, die jetzt seit sechs Jahren dabei sind. Wir schaffen es auch immer wieder, Neue zu gewinnen und diese in die Gruppe zu integrieren. So bleibt immer eine Gruppe von 10 - 14 Leuten. Das ist auch wichtig, dass man immer eine Gruppe hat, mit der man arbeiten kann, auch in der Supervision, die sich gegenseitig trägt. Da arbeite ich mit einer Freiwilligen zusammen, die das Projekt mit koordiniert hat und die Idee für das Projekt mit eingebracht hat. Sie investiert ganz viel Zeit. Nur als Hauptamtliche würden wir das gar nicht schaffen. Man braucht dann ein gutes Team, auch von Freiwilligen und klare Strukturen.

Bei dem anderen Projekt, wo Schüler motiviert werden aktiv zu werden haben wir in Marburg auch eine Schule, da hat der Leiter einer Lehrerin eine Stunde in der Woche zur Verfügung gestellt, für dieses Projekt. So Strukturen müssen etabliert werden, um so was auch längerfristig zu etablieren. Nur nebenbei geht das nicht. Es gibt aber auch andere Schulen, die da nicht so die Kapazitäten haben und auch nicht so bereit und offen sind. Das ist dann schwierig. Da kann das Projekt auch noch so toll sein. Ein Projekt das, wo anders funktioniert hat, kann da scheitern. Die Theodor-Heuss-Schule hat sich bereits seit Langem auf den Weg zu einer offenen Schule gemacht. Wir sind da später mit eingestiegen. Die kooperiert schon längst mit ganz vielen außerschulischen Partnern.

Würde in Marburg die Landschaft des bürgerschaftlichen Engagements anders aussehen, wenn es die FAM nicht gäbe?

In der Schule haben wir schon einiges an Projekten initiiert, die es sonst nicht gäbe. Die Freiwilligenagentur ist ein Baustein geworden in Marburg und trägt schon dazu bei. Wir kooperieren sehr viel, auch wenn wir selbst Projekte initiieren. Dadurch arbeiten wir sehr vernetzt. Das hat dazu beigetragen, dass wir schon Projekte vorangetrieben haben, die vielleicht vorher nicht so funktioniert hätten. Das Qualifizierungsprogramm für Freiwillige wurde ja vom Land Hessen initiiert. Die Freiwilligenagenturen wurden dann die Anlaufstellen. Und jede Freiwilligenagentur hat das anders organisiert. Wir wollten das in Kooperation mit allen Bildungsträgern machen, denn wir müssen nicht etwas neu erfinden, was schon angeboten wird. Wir koordinieren das dann mit den Bildungsträgern und haben uns damals mit den Bildungsträgern zusammengesetzt und haben dann Bedarfe erfragt bei den Vereinen und haben dann gemeinsam festgelegt, wer welche Angebote entwickelt. Bis heute treffen wir, die Bildungsträger, uns zweimal im Jahr und bis heute kommen alle. Das ist ein fruchtbares Miteinander, was auch von den Bildungsträgern geschätzt wird. Vorher hat so eine Zusammenarbeit gar nicht stattgefunden. Wir laden seit neuerem dazu auch Bildungsträger ein, die keine allgemeinen, sondern eher spezifische Bildungsträger sind. Wie z. B. die Telefonseelsorge oder Seniorpartner in school. Dadurch entwickeln sich auch wieder neue Ideen. So was ist sehr wichtig, diese Form der Kooperation und Zusammenarbeit. Trotzdem, wenn es uns nicht gäbe, ginge es trotzdem weiter. Wir haben aber schon einiges mit in Bewegung gebracht. Wir haben einen Kurs, „ehrenamtliche Seniorenbegleiter" entwickelt mit den Einrichtungen aus der Seniorenhilfe, dem Arbeitskreis Seniorenberaterinnen. Denen habe ich damals die Idee vorgestellt. Ich habe mir das damals aus Gießen abgeschaut. Wir haben das Angebot dann etwas abgeändert. Haben einen Kurs draus entwickelt und vier Jahre war der Kurs immer voll. Die Mitarbeiter aus dem Seniorenbereich stellen dann auch die Referenten. Eine Gefahr finde ich immer, wenn man denkt, man müsste alles selbst machen. Man muss sehen, wo gibt es Ressourcen und wie kann ich diese bündeln. So sollte eigentlich eine Freiwilligenagentur arbeiten und so arbeiten wir eigentlich auch. Deswegen sind wir auch noch dabei und werden auch von vielen Einrichtungen wahrgenommen.

Projekt „Jetzt kann ich das auch"
Am Anfang gab es Skepsis vonseiten der Grundschullehrerinnen. Mittlerweile ist klar, was die Freiwilligen für einen Beitrag leisten. Die Kontinuität der Begleitung ist das Besondere, über einen längeren Zeitraum. Es geht nicht nur darum Hausaufgaben zu machen sonder andere Dinge, wobei wenn die Kinder älter werden, kann auch schon mal ein Diktat geübt werden. Heute ist das Projekt akzeptiert. Am Anfang waren die Supervisionen nicht Pflicht, jetzt sind sie Pflicht. Das heißt man darf auch mal fehlen aber nicht immer. Auch die Freiwilligen haben sich verändert, auch ihre Bilder, die sie im Kopf hatten, über „die Armen" oder „die Bedürftigen". Man sieht, dass jedes Kind ein Potenzial hat und die Eltern werden respektiert. Das gelingt mal besser und mal weniger gut aber ist deutlich besser geworden als früher. Die neuen Freiwilligen, die einsteigen, dass die auch dabei bleiben, dafür muss man auch immer sorgen, bisher ist uns das gelungen. Wir haben einen Film dazu gedreht. Die Kinder wurden da nicht interviewt aber ein paar Freiwillige. Zum Schluss kommt da der Vater eines Kindes, wo die Freiwillige das Kind fünf Jahre lang begleitet hat und er sagt, dass das Kind bestimmte Dinge vielleicht gar nicht erlebt hätte. Es ist einfach nochmal eine Bereicherung. Es gibt auch Freiwillige die von Anfang an bis jetzt dabei sind. Zwei Freiwillige begleiten ihre Kinder noch weiter, über die Grundschulzeit hinaus. Da haben wir auch nicht nein gesagt. Wobei unser Ansatz die Grundschulzeit ist. Bei einigen, wurde danach die Verbindung langsam locker. Aber es gibt zwei die bis heute noch Kontakt haben. Eine, schon sechs Jahre und die

andere vier Jahre. Das ist was ganz Besonderes. Gut ist es, auch wenn Kinder außerhalb der Familie andere Ansprechpartner haben. Es sind ja auch immer mehr kleiner werdende soziale Netze. Früher war das dann vielleicht die Tante oder die Nachbarin und das geht immer mehr verloren. Das finde ich ganz wichtig, dass man da wieder so Bausteine hat für ein tragfähiges Netz.

Ist es im Gespräch dieses Projekt auch auf andere Schulen zu übertragen?
Wir überlegen das schon aber erzwingen das nicht. Das hängt auch von der Finanzierung ab. Unsere Leistung muss refinanziert werden. Wir haben beim Theodor-Heuss-Projekt am Anfang eine Refinanzierung gehabt. Nur die Supervision wird jetzt noch von der Theodor-Heuss-Schule finanziert. Meine Arbeit als Hauptamtliche nicht. Aber wir nehmen immer wieder an Wettbewerben teil und hoffen, dass wir wieder mal einen Preis gewinnen und darüber die Kosten reinholen. Man muss ja auch immer sehen, was man leisten kann. Die Gefahr bei so einer Stelle hier ist, dass man immer mehr Projekte herangetragen bekommt, aber irgendwann die Qualität der Projekte die laufen darunter leidet oder überhaupt die Arbeit generell. Man muss immer schauen, dass es funktioniert oder man muss sich jemand Neues dazuholen. Auch Freiwillige natürlich aber in bestimmten Fällen eine Honorarkraft und das muss wieder finanziert werden. So muss man schauen, es muss sich immer gut die Waage halten. Wir haben das große Glück, das wir Freiwillige haben, die mit einer hohen Verantwortlichkeit und hohen Verbindlichkeit arbeiten, wo ich auch wenige Projekte mit koordiniere, sonst könnten wir gar nicht so viele Projekte machen. Das ist ein Gewinn, wenn man so Leute hat, die so zuverlässig, engagiert und professionell Projekte leiten.

Projekt „Jung hilft Alt"
Das Projekt ist von einem Freiwilligen. Der ist bei uns auch Engagement-Lotse. Der kam 2004/2005 zu mir und war gerade im vorzeitigen Ruhestand. Er hätte eigentlich noch gerne gearbeitet. Er kommt aus dem mittleren Management und er hatte vorher bei der Marburger Tafel gearbeitet. Er hätte aber gerne mehr koordiniert. Bei der Tafel war es eben eine Fahrertätigkeit. Er hat dann bei uns die Engagement-Lotsen Ausbildung gemacht und dieses Projekt bei einer Veranstaltung von uns kennengelernt. Da hatten wir so ein Ehrenamtsforum, wo sich verschiedene Projekte aus dem Landkreis vorgestellt haben. Und im Dautphetal gab es das Projekt schon. Da hat er gesagt, dass das ein tolles Projekt wäre und vorgeschlagen das auch in Marburg umzusetzen. Dann hat er sich sehr eigenständig mit der Theodor-Heuss-

Schule in Verbindung gesetzt und hat das dort etabliert. Mit der stellvertretenden Leitung dann dort auch besprochen, wie das aussehen könnte. Die Schulleitung war dann verantwortlich für die Suche der SchülerInnen und die Gewinnung der älteren Menschen war die Aufgabe von uns, also von ihm und mir. Er hat dann so einen Kurs entwickelt und anhand dieses Kurses dann ein 1:1 Verhältnis junge SchülerInnen mit älteren Leuten. Diese SchülerInnen haben dann den älteren Menschen Computerkenntnisse beigebracht. Das läuft jetzt seit fünf oder sechs Jahren und eine andere Freiwillige ist später mit eingestiegen, sie war dann auch im Ruhestand. Beide waren Behring Mitarbeiter im mittleren Management. Unser freiwilliger Herr hatte sie dazu gewonnen. Die beiden koordinieren das jetzt.

Es läuft gut aber manchmal ist es nicht alles so wie man sich das dann erhofft. Manchmal verstehen sich die Älteren und die Jüngeren dann vielleicht doch nicht. Die Zuverlässigkeit der SchülerInnen war eine Zeit lang ein Problem, dass sie dann krank waren oder nicht da waren öfter. Bei solchen Dingen muss man dann eben schauen. Wobei wir auch immer wissen müssen, was unser Ziel ist. Es geht uns ja auch um das Miteinander. Es geht um das Lernen und das Miteinander. Also nicht nur dass die älteren Leute jetzt den Computer vermittelt bekommen aber es geht ja auch um das Jung und Alt, das gemeinsame Zusammensein. Das muss man irgendwie vermitteln. Die beiden Referenten waren manchmal ein bisschen ungeduldig oder sie meinten, es laufe nicht so. Da muss man dann aber auch fragen, woran liegt es, wie kann man das verbessern. Bis heute haben wir Grundkurse und Fortgeschrittenenkurse. Wobei unser Freiwilliger jetzt meint, dass es mit den Grundkursen vielleicht ausläuft. Wir haben das jetzt so viele Jahre gemacht und es gibt ja auch noch andere Anbieter. Von daher meinte er, dass wir es jetzt vielleicht auch mal zwei Jahre ruhen lassen müssen. Aber grundsätzlich muss man sagen, dass die Schule sehr engagiert war. Wir arbeiten mit der Schule gut zusammen. Da braucht man aber auch jemanden der da auch Zeit investiert und dabei ist. Wenn eine Schwierigkeit mit einem Schüler oder so auftritt, dass dann auch ein Gespräch stattfindet. Die jüngeren Leute müssen lernen, geduldig zu sein. Manche Ältere haben auch gesagt, dass die Jugendlichen gar nicht so schlimm wären, wie sie in den Medien dargestellt würden. Das steht ja auch dahinter, es geht auch darum, miteinander ins Gespräch zu kommen. Ich finde es ist ein gutes Projekt aber auch mit seinen Schwachstellen.

Was auch nicht immer so ideal war, waren die Abschlussveranstaltungen. Die haben dann immer so einen Abschlussnachmittag gehabt, wo sie miteinander gegessen haben und so und es hat sich herausgestellt, dass es von den Jugendlichen gar nicht so ein Interesse gab. So was muss man dann auch zur Kenntnis nehmen. Das letzte Mal muss es besser gewesen sein, es gab aber auch schon Situationen, wo dann kaum Jugendliche kamen oder dann schon gleich weg sind, nachdem das Zertifikat übergeben worden ist. Das Projekt findet einmal in der Woche, nach der Schule um 14 Uhr statt. Das sind dann acht Einheiten, also acht Wochen. In der Regel immer nach den Osterferien bzw. nach den Weihnachtsferien oder nach den Herbstferien. Was sehr viel Arbeit ist, da hat unsere Freiwillige sehr viel Zeit investiert. Sie hat richtige Anleitungen entwickelt für die Einheiten. Bei dem Fortgeschrittenenkurs geht es immer um Bildbearbeitung mit dem Programm Picasa. Die Referenten haben da viel Zeit zu Hause investiert in diese Überarbeitung der ganzen Unterlagen. Manchmal sind dann die älteren Leute weggeblieben, weil sie dann vielleicht doch mal krank geworden sind, wo dann vielleicht auch mal ein Schüler alleine dasitzt. In der Regel ist es gut gelaufen. Manche treffen sich dann auch noch privat. Der Schüler schaut dann z. B. nochmal nach dem Computer.

Das Projekt findet in dem Computerraum der Theodor-Heuss-Schule statt. Das mit den Älteren, dass sie kamen, war teilweise auch schon Mund zu Mund Propaganda. In den Zeitungen haben wir auch inseriert und darüber haben sich dann Leute gemeldet. Die Schüler sind alle so aus der 8. - 10. Klasse. Die Auswahl erfolgt über die Schule. Die bekommen dann auch ein Zertifikat am Ende. Obwohl das Projekt ab 50+ stattfindet, sind die Leute eher 60+. Es gab aber auch schon mal jemanden der Mitte 50 war. Aber auch wenn jetzt jemand jünger wäre, dürfte er mitmachen aber irgendwann erübrigt sich das dann. Der Bedarf ist dann irgendwann abgedeckt. Ab der etwas jüngeren Generation kennen sich die meisten ja auch damit aus.

<u>Wo sehen sie sich in der Zukunft, was haben Sie vor und gibt es schon konkrete Pläne?</u>
Einmal ist es die Sicherung des Status quo. Die Öffentlichkeitsarbeit zu verbesser ist ein wichtiger Aspekt, da müssen wir auch ran jetzt. Wir haben jetzt ein Projekt, wo wir mal schauen müssen. Das nennt sich „Gute Geschäfte". Das ist ein Marktplatz für Unternehmen, wo es einen Nachmittag geht, bei dem es nicht um Geld geht, sondern darum Dienstleistungen zu tauschen zwischen Unternehmen und gemeinnützigen Organisationen. Das haben wir bisher nicht gemacht. Es gibt es aber bereits an vielen Orten, wo Freiwilligenagenturen in diesem Feld tätig sind. Bisher gab es dazu einfach nicht die Gelegenheit. Jetzt sind wir angesprochen worden aus der Region. Das hier in der Region umzusetzen und wir haben dem

jetzt zugestimmt. Das ist jetzt also ein neues Feld, dieses Unternehmensengagement zu befördern. Da sind wir jetzt dran. Da müssen wir erstmal sehen, ob uns das gelingt und ob wir in dem Feld dann weitergehen. Sonst arbeiten wir durch den Umzug ins Beratungszentrum mit integriertem Pflegestützpunkt sehr eng mit der Altenplanung und dem Pflegestützpunkt zusammen. Da gibt es viele Felder im Seniorenbereich und da sind wir jetzt gerade in so einem Feld verstärkt dabei, was die organisierte Nachbarschaftshilfe angeht. Da tut sich viel hier im Raum Marburg. Wir werden da auch angefragt als beratende Institution und als unterstützende Institution. Da sind wir gerade dabei mit der Altenplanung und dem Pflegebüro von der Stadt Marburg ein Angebot zu entwickeln und evtl. auch darüber hinausgehend stärker in dem Feld tätig zu werden, also zu unterstützen und das mit zu befördern. Das ist ein Feld, da tut sich viel und wir werden da vielleicht auch nochmal mehr investieren. Der Seniorenbereich wird immer ein Bereich bleiben wo wir Leute gewinnen und qualifizieren.

Der Freiwilligendienst aller Generationen ist vielleicht nochmal ein wichtiges Thema, wo wir seit Jahren jetzt dabei sind. Dem wird vom Bundesfreiwilligendienst (BFD) jetzt so ein bisschen der Rang abgelaufen, was wir ganz unglücklich finden. Aber im Landkreis gibt es acht oder neun Kommunen, die diesen Freiwilligendienst aller Generationen etabliert haben, um Projekt umzusetzen. Meine Kollegin die Katja Kirsch ist da sehr engagiert. Das werden wir auch weiterführen und weiter ausbauen, wenn das möglich ist. Das wird jetzt spannend auch, in welcher Weise das eine Konkurrenz ist, der BFD. Aber hier im Landkreis hat sich gezeigt, dass der Freiwilligendienst aller Generationen geholfen hat, bestimmte Projekte in den Kommunen, was auch den demografischen Wandel angeht, also Aufbau von Besuchsdiensten, Aufbau von Mehrgenerationentreffpunkten zu befördern. Deshalb hat auch der Landkreis gesagt, dass es gut ist und wir es weitermachen sollten. Von daher wird auch das ein Feld sein wo wir weiter dabeibleiben und sagen, wenn es nur eine kleine Insel hier in Marburg-Biedenkopf ist, wird hier der Freiwilligendienst aller Generationen vielleicht trotzdem bleiben, auch wenn alles andere nach BFD schreit. Das werden wir sehen. Ich finde natürlich auch immer diese Qualitätssicherung wichtig von dem was man macht aber Öffentlichkeitsarbeit finde ich ist auch ein ganz wichtiger Bereich, das noch zu verbessern.

<u>Gibt es noch etwas, dass ich vergessen habe, irgendetwas wichtiges?</u>
Was wir manchmal bedauern ist, dass die Freiwilligenagenturen auf Bundesebene nicht so wahrgenommen werden. Wir sind von der Bundesebene noch nie gefördert worden. Jedenfalls keine institutionelle Förderung. Und jetzt, in der nationalen Engagementstrategie werden

Freiwilligenagenturen kaum erwähnt. Das ist etwas, das wir schon traurig finden, weil wir denken, dass Freiwilligenagenturen schon eine wichtige Arbeit leisten. Unterschiedlich natürlich von Ort zu Ort. Dann natürlich die Mehrgenerationenhäuser, die vom Bund sehr stark gefördert werden. Wir arbeiten mit dem Marburger Mehrgenerationenhaus sehr gut zusammen. Aber eben von der Bundesseite her gab es eine dreijährige Förderung von den Mehrgenerationenhäusern und eigentlich ist damit so eine Projektförderung abgeschlossen. Aber die haben jetzt eine Folgefinanzierung hinbekommen, weil sie den Mehrgenerationenhäusern andere Aufgaben übertragen haben. Da ist auch freiwilliges Engagement als ein großer Baustein drin. Macht nichts, wenn es in Orten ist, wo man sagen, kann dass die Mehrgenerationenhäuser das gut übernehmen können, weil es keine Freiwilligenagenturen gibt, aber wo es Freiwilligenagenturen gibt, da fanden wir es schon bedenklich, dass wir so ein bisschen übergangen wurden. Wobei es bestimmt auch ganz andere Hintergründe gibt, die wir nicht kennen, die Mehrgenerationenhäuser müssen auf jeden Fall ein Erfolg sein und werden weitergefördert, damit sie weiterhin erfolgreich sind. Die Freiwilligenagenturen sind halt nie wirklich wahrgenommen worden in dem Feld, dass sie eigentlich richtige Akteure sind. Die allgemeine politische Lage sieht nicht so gut aus für Freiwilligenagenturen. Auf lokaler Ebene, also wir hier in Marburg werden von der Politik gut wahrgenommen und akzeptiert aber so allgemein auf Bundesebene ist da einfach zu wenig. Das müsste anders sein. Die bagfa macht ja auch viel Arbeit und auch Lobbyarbeit. Das Qualitätssiegel wurde auch im Bundesministerium für Familie vergeben, um da auch diese Bedeutung deutlich zu machen. Es scheint aber immer noch nicht auszureichen.